ESPACIOS DE HILBERT Y ANÁLISIS DE FOURIER

M. Carmen Fernández Rosell

Antonio Galbis Verdú

PUV
Vniversitat
ɖValència

Colección: Educació. Laboratori de Materials, 100

Este texto ha sido publicado en el marco de los programas desarrollados dentro de la «Convocatoria del Ministerio de Educación y Ciencia para la financiación de la adaptación de las instituciones universitarias al Espacio Europeo de Educación Superior» (septiembre de 2006)

Publicacions de la Universitat de València
https://puv.uv.es
publicacions@uv.es

Diseño de la cubierta: Celso Hernández de la Figuera

ISBN: 978-84-1118-466-3
Depósito legal: V-4323-2024

Impreso en España

Prefacio

El contenido de este libro parte del material docente que hemos elaborado para impartir la asignatura *Espacios de Hilbert y series de Fourier* (6 ECTS) del Doble Grado en Física y Matemáticas de la Universitat de València y de la primera parte de la asignatura *Análisis Matemático III* (9 ECTS), que se estudia en el tercer curso del Grado en Matemáticas de la Universitat de València, ambas obligatorias en los respectivos planes de estudio. Los nuevos dobles grados en Matemáticas e Ingeniería Informática y Matemáticas e Ingeniería Telemática, implantados en la Universitat de València durante el curso 2023-2024, incluyen en su plan de estudios la asignatura *Espacios de Hilbert y análisis de Fourier* (6 ECTS). Es una asignatura obligatoria que se impartirá en el cuarto curso y para la cual este manual puede servir como texto de referencia. Se supone que los alumnos han cursado las asignaturas Análisis Matemático I y Análisis Matemático II y, por tanto, están familiarizados con la teoría de integración de Lebesgue.

Para los estudiantes de los Dobles Grados, ésta es la única oportunidad de aproximarse como matemáticos al Análisis Funcional y al Análisis Armónico. Los estudiantes de Grado en Matemáticas tienen las posibilidad de cursar sendas asignaturas optativas.

Los contenidos de *Espacios de Hilbert y series de Fourier* se corresponden con los capítulos **1, 2, 5, 6, 7**. La primera parte de *Análisis Matemático III* se corresponde con los capítulos **1, 2,3** (salvo quizás la sección **1.3.2**). La completitud del sistema trigonométrico se obtiene de dos formas distintas según la asignatura a cursar. En el caso de los alumnos del Doble Grado en Física y Matemáticas, es una consecuencia casi inmediata del Teorema de Fèjer. Dado que en *Análisis Matemático III* no se aborda, salvo en casos muy concretos, el problema de la convergencia puntual de la serie de Fourier o de las medias de Cesàro, se da una demostración directa. El capítulo **8** contiene aplicaciones del Análisis de Fourier, dependiendo de la titulación podemos escoger unas u otras.

Finalmente, el capítulo **4** contiene una introducción a la teoría espectral para operadores compactos y autoadjuntos en espacios de Hilbert. Este capítulo no forma parte de los programas de dichas asignaturas en su configuración actual. Hemos decidido incluirlo como material suplementario y en previsión de remodelaciones de los planes de estudio.

Introducción

Tanto el Análisis Funcional como el Análisis Armónico surgen de la necesidad de encontrar nuevas técnicas para abordar problemas no resolubles mediante los métodos tradicionales. Su desarrollo se entrecruza en varios momentos.

La conveniencia de considerar conjuntos cuyos elementos fueran funciones, dotarlos de estructuras que permitieran las operaciones de paso al límite, continuidad, etc., habituales en el Análisis, estaba latente desde los inicios del cálculo diferencial. Así por ejemplo, el estudio de las ecuaciones diferenciales llevó a la necesidad de considerar los conjuntos de sus soluciones y sus propiedades.

Por su parte, la historia moderna del análisis armónico comienza con dos problemas propuestos por Brook Taylor en 1715:

(1) Determinar el movimiento de una cuerda tensa.

(2) Dada la longitud y el peso de una cuerda, así como la fuerza que la tensa, encontrar el tiempo de vibración.

El propio Taylor obtuvo la ecuación en derivadas parciales que representa el movimiento de la cuerda vibrante, conocida como ecuación de ondas:

$$\frac{\partial^2 y}{\partial x^2} = \frac{1}{c^2}\frac{\partial^2 y}{\partial t^2}$$

donde y es el desplazamiento transversal en el instante t del punto de abscisa x de una cuerda uniforme sujeta por sus extremos a dos puntos del eje X.

En torno a 1750, Daniel Bernouilli enuncia el *principio de superposición* según el cual la solución general al problema de la cuerda vibrante en el plano es la superposición de las posiciones más sencillas que puede adoptar, lo que significa que se escribe como

$$u(x,t) = \sum_{n=1}^{\infty} a_n \sin nx \cos n(t - b_n)$$

para elecciones adecuadas de los números a_n y b_n. Más tarde, en 1822, Fourier publica su obra *La thèorie Analytique de la chaleur*. Para resolver la ecuación en derivadas parciales

$$\frac{\partial u}{\partial t} = \frac{\partial^2 u}{\partial x^2} + \frac{\partial^2 u}{\partial y^2},$$

que en el caso estacionario se escribe

$$\frac{\partial^2 u}{\partial x^2} + \frac{\partial^2 u}{\partial y^2} = 0,$$

con ciertas condiciones iniciales, utiliza el método de separación de las variables, es decir, expresa $u(x,y) = v(x)w(y)$, obtiene que

$$\frac{v''(x)}{v(x)} = -\frac{w''(y)}{w(y)}$$

y encuentra las soluciones

$$u_k(x,y) = e^{-(2k-1)x}\cos(2k-1)y, \, k \in \mathbb{N}.$$

Retomando el principio de superposición busca una solución

$$u(x,y) = \sum_{n=1}^{\infty} a_n u_n(x,y).$$

Para determinar los coeficientes, entre otras cosas, deriva la serie término a término. El mismo es consciente de que el método empleado no es riguroso, lo que es muy novedoso ya que hasta entonces los matemáticos habían operado con las series sin ninguna restricción. La validez del método de Fourier dependía de la hipótesis de que una función arbitraria f, que aparecía en las condiciones de contorno, se pudiera expresar como una serie trigonométrica. Concretamente, si f está definida en $[-\pi, \pi]$,

$$f(x) = \frac{a_0}{2} + \sum_{n=1}^{\infty} (a_n \cos nx + b_n \sin nx).$$

Fourier consideraba esta igualdad como una ecuación en infinitas incógnitas $(a_n)_n$, $(b_n)_n$ y las determinaba del modo siguiente:

$$\int_{-\pi}^{\pi} f(x)\,dx = \int_{-\pi}^{\pi} \frac{a_0}{2}dx + \sum_{n=1}^{\infty} \int_{-\pi}^{\pi} (a_n \cos nx + b_n \sin nx)\,dx,$$

y como conocía que las integrales en las que aparecen senos y cosenos son cero, le quedaba:

$$a_0 = \frac{1}{\pi}\int_{-\pi}^{\pi} f(x)\,dx.$$

Análogamente, integrando $f(x)\cos nx$ y $f(x)\sin nx$ obtenía:

$$a_n = \frac{1}{\pi}\int_{-\pi}^{\pi} f(x)\cos nx\,dx, \;\; b_n = \frac{1}{\pi}\int_{-\pi}^{\pi} f(x)\sin nx\,dx.$$

En este razonamiento admitía Fourier un hecho que, como sabemos, sería de vital importancia en el desarrollo de la teoría de la integración: que la integral de una suma infinita es la suma de las integrales. Fourier aseguraba que la serie que él encontró, y que hoy conocemos como serie de Fourier, convergía a f.

El mayor impulso al establecimiento del Análisis Funcional proviene del estudio de las ecuaciones integrales. Se trata de resolver ecuaciones de la forma

$$g(x) = f(x) + \int_a^b k(x,t)f(t)\,dt \text{ ecuación de tipo Fredholm,}$$

$$g(x) = f(x) + \int_a^x k(x,t)f(t)\,dt \text{ ecuación de tipo Volterra,}$$

donde g es el dato, f es la incógnita y k es el núcleo. El nombre de ecuaciones integrales se debe a Du Bois-Reymond. Hilbert publicó una serie de artículos sobre este tema. En ellos aparecen implícitamente los conceptos de ortogonalidad de funciones y completitud de los sistemas ortogonales. También el espacio ℓ^2 (real) está implícito, así como una distancia, lo que permite extender las nociones de límite y continuidad y queda manifiesta la no compacidad de la bola unidad de ℓ^2. Sus trabajos contienen el germen de la teoría espectral y, aunque no explícitamente, clases importantes de operadores. La noción abstracta de distancia en un conjunto la introdujo Fréchet en 1906. Como la distancia generaliza el valor absoluto, pudo extender los conceptos de entorno, límite, continuidad, compacidad, completitud y separabilidad y los estudia en distintos espacios de funciones. Esta generalización era indispensable para el estudio de la convergencia de las series trigonométricas introducidas por Fourier casi un siglo antes.

En 1908 Schmidt define el espacio de dimensión infinita ℓ^2 junto con las nociones de producto escalar, norma, ortogonalidad, y demuestra el teorema de la proyección ortogonal. Fischer y Riesz descubren de manera independiente el teorema de Fisher–Riesz: Si $(\psi_n)_n$ es un sistema ortonormal completo en $L^2(a,b)$, la aplicación $f \mapsto (\langle f, \psi_n \rangle)_n$ es un isomorfismo hilbertiano de $L^2(a,b)$ sobre ℓ^2. Von Neumann observó que dicho isomorfismo implicaba que los espacios de funciones reales que intervenían en las formulaciones de la Mecánica Cuántica de Heisenberg y Schrödinguer eran esencialmente los mismos. También independientemente, en 1907, Fréchet y Riesz demuestran que toda forma lineal continua sobre un espacio $L^2(\Omega)$ es de la forma

$$T(f) = \int_\Omega f(t)g(t)\,dt$$

para alguna g en el mismo espacio $L^2(\Omega)$.

En 1910 Riesz introduce los espacios $L^p(\Omega)$ ($1 < p < \infty$), observa que son espacios vectoriales, introduce la norma usual y demuestra que el dual de $L^p(\Omega)$ se identifica con $L^q(\Omega)$ siendo q el exponente conjugado de p. La obra de Riesz va estableciendo las nociones básicas del Análisis Funcional: norma, convergencia, dual...

La teoría general de los espacios normados, funcionales y operadores lineales entre ellos fue desarrollada por S. Banach en su tesis doctoral, defendida en 1920 y publicada en *Fundamenta Matematicae* en 1922. El nombre de Análisis Funcional aparece por primera vez en 1922 en el libro *Leçons d'Analyse Fonctionnelle* de P. Levy.

Índice general

Capítulo 1

Espacios normados

1.1.   Norma en un espacio vectorial. Ejemplos

La métrica usual en $\mathbb{R}$ se define en términos del valor absoluto. Este concepto se puede generalizar a espacios vectoriales arbitrarios sobre el cuerpo $\mathbb{K}$ de los números reales o complejos (esto es, $\mathbb{K} = \mathbb{R}$ o $\mathbb{K} = \mathbb{C}$).

Definición 1.1.1. *Un espacio normado es un par $(E, \|\cdot\|)$ formado por un espacio vectorial E sobre el cuerpo $\mathbb{K}$ y una norma $\|\cdot\|$ sobre E, que es una función*

$$\|\cdot\| : E \to [0, \infty)$$

que cumple para $x, y \in E$ y $\lambda \in \mathbb{K}$ arbitrarios:

(1) $\|x\| = 0$ si y solo si $x = 0$.

(2) $\|\lambda x\| = |\lambda| \|x\|$.

(3) $\|x + y\| \leq \|x\| + \|y\|$ (Desigualdad triangular).

A veces, cuando no hay ambigüedad respecto de la norma $\|\cdot\|$, se dice simplemente que E es un espacio normado.

Una norma define de manera natural una métrica (y por tanto una topología) mediante

$$d(x, y) = \|x - y\|.$$

Recordemos que una métrica en un conjunto X es una aplicación $d : X \times X \to \mathbb{R}$ que satisface las siguientes propiedades:

1. $d(x, y) \geq 0$ y $d(x, y) = 0 \Leftrightarrow x = y$.

2. $d(y, x) = d(x, y)$.

3. $d(x,y) \leq d(x,z) + d(z,y)$.

La métrica en el espacio normado E asociada a la norma es invariante por traslaciones, lo que quiere decir que

$$d(x,y) = d(x+z, y+z).$$

En particular, una sucesión $(x_n)_n$ en E es convergente a $x_0 \in E$ si y solo si

$$\lim_n d(x_n, x_0) = 0, \quad \text{es decir,} \quad \lim_n \|x_n - x_0\| = 0.$$

También tiene sentido hablar de series convergentes en $E : \sum_{n=1}^{\infty} x_n = x$ significa que

$$\lim_N \left\| x - \sum_{n=1}^{N} x_n \right\| = 0.$$

La bola abierta centrada en $x_0 \in E$ y de radio r es

$$B_E(x_0, r) = \{ x \in E : \|x - x_0\| < r \}.$$

Si no hay confusión posible nos limitaremos a escribir $B(x_0, r)$. La bola unidad abierta de E es la bola abierta centrada en el origen y de radio 1. La denotaremos B_E. Observemos que

$$B_E(x_0, r) = x_0 + r B_E,$$

por lo que B_E contiene toda la información sobre la topología de E.

Proposición 1.1.2. *Sea E un espacio normado. La aplicación*

$$\|\cdot\| : E \to \mathbb{R}$$

es uniformemente continua.

Demostración. De las desigualdades $\|x\| \leq \|x-y\| + \|y\|$, $\|y\| \leq \|x-y\| + \|x\|$, deducimos que

$$\big| \|x\| - \|y\| \big| \leq \|x-y\|.$$

Ahora fijamos $\varepsilon > 0$ y elegimos $\delta = \varepsilon$. Entonces $f(x) := \|x\|$ cumple

$$\|x-y\| < \delta \to |f(x) - f(y)| < \varepsilon.$$

$\square$

Ejemplo 1.1.3. En $\mathbb{K}^n$ consideramos las normas

$$\|x\|_1 := \sum_{j=1}^n |x_j|, \quad \|x\|_2 := \left(\sum_{j=1}^n |x_j|^2\right)^{\frac{1}{2}}, \quad \|x\|_\infty := \max_{1\le j\le n} |x_j|,$$

siendo $x = (x_1,\ldots,x_n) \in \mathbb{K}^n$.

La comprobación de que $\|\cdot\|_1$ y $\|\cdot\|_\infty$ son normas es un ejercicio fácil. $\|\cdot\|_2$ se conoce como norma euclídea y su métrica asociada es precisamente la distancia euclídea, que se estudió con detalle en Análisis Matemático II cuando $\mathbb{K} = \mathbb{R}$. Para obtener más normas en $\mathbb{K}^n$ necesitamos varias desigualdades que involucran números positivos.

Recordamos que una función $f : \mathbb{R} \to \mathbb{R}$ es convexa si se cumple

$$f(tx + (1-t)y) \le tf(x) + (1-t)f(y) \quad \forall x,y \in \mathbb{R}, \quad \forall t \in [0,1].$$

Es conocido que si f admite derivadas de segundo orden y $f''(x) \ge 0$ para todo $x \in \mathbb{R}$ entonces f es convexa.

Definición 1.1.4. *El exponente conjugado de $p \in (1,\infty)$ es el único número real $q \in (1,\infty)$ que cumple*

$$\frac{1}{p} + \frac{1}{q} = 1.$$

Notamos que $q = \frac{p}{p-1}$ y el exponente conjugado de $p = 2$ es $q = 2$.

Teorema 1.1.5 (Desigualdad de Young). *Sean $p > 1$ y q el exponente conjugado de p. Entonces, para cualesquiera $a,b \ge 0$ se cumple*

$$ab \le \frac{a^p}{p} + \frac{b^q}{q}.$$

Demostración. Consideramos la función convexa $f(x) = e^x$ y tomamos

$$x = \log(a^p), \quad y = \log(b^q), \quad t = \frac{1}{p} \in (0,1).$$

Entonces $1 - t = \frac{1}{q}$ y la convexidad de la función f proporciona

$$f(tx + (1-t)y) \le tf(x) + (1-t)f(y).$$

Es decir,

$$f(\log a + \log b) \le \frac{1}{p}f(\log(a^p)) + \frac{1}{q}f(\log(b^q)),$$

de donde se sigue la conclusión. $\qquad\square$

La desigualdad anterior tiene la siguiente interpretación geométrica. Consideramos las funciones

$$\varphi(t) = t^{p-1}, \quad \psi(t) = t^{q-1}, \quad t \geq 0.$$

Entonces φ y ψ son inversa una de la otra. El término

$$\frac{a^p}{p} = \int_0^a \varphi(x)\,dx$$

representa el área limitada por el eje X, las rectas $x = 0, x = a$ y la gráfica de $y = \varphi(x)$. El término

$$\frac{b^q}{q} = \int_0^b \psi(y)\,dy$$

es el área limitada por el eje Y, las rectas $y = 0, y = b$ y la gráfica de $x = \psi(y)$ (es decir $y = \varphi(x)$). La suma de estas dos áreas es superior o igual al área del rectángulo de lados a y b, como se observa en la figura 1.1.

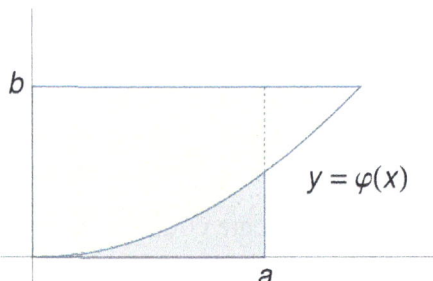

Figura 1.1: Desigualdad de Young

Sea $1 < p < \infty$. Para cada $x = (x_1, \ldots, x_n) \in \mathbb{K}^n$, definimos

$$\|x\|_p = \left(\sum_{i=1}^n |x_i|^p \right)^{1/p}.$$

Para comprobar que $\|\cdot\|_p$ es una norma necesitamos algún resultado previo.

Teorema 1.1.6 (Desigualdad de Hölder). *Sean $p > 1$ y q el exponente conjugado de p. Si x_i, y_i ($1 \leq i \leq n$) son números no negativos entonces*

$$\sum_{i=1}^n x_i y_i \leq \left(\sum_{i=1}^n x_i^p \right)^{\frac{1}{p}} \cdot \left(\sum_{i=1}^n y_i^q \right)^{\frac{1}{q}}.$$

Demostración. Denotamos $x = (x_1, \ldots, x_n)$, $y = (y_1, \ldots, y_n)$. Suponemos que se cumple $\|x\|_p \neq 0$ y $\|y\|_q \neq 0$, ya que en caso contrario la desigualdad es trivial. Consideramos $a_i = \frac{x_i}{\|x\|_p}$ y $b_i = \frac{y_i}{\|y\|_q}$. Aplicando n veces la desigualdad de Young (teorema 1.1.5) y sumando obtenemos

$$\sum_{i=1}^{n} a_i b_i \leq \frac{1}{p} \sum_{i=1}^{n} \frac{x_i^p}{\|x\|_p^p} + \frac{1}{q} \sum_{i=1}^{n} \frac{|y_i|^q}{\|y\|_q^q} = 1.$$

Por tanto

$$\sum_{i=1}^{n} x_i y_i \leq \|x\|_p \cdot \|y\|_q.$$

$\square$

Teorema 1.1.7 (Desigualdad de Minkowski)**.** *Sean $p > 1$ y x_i, y_i ($1 \leq i \leq n$) números no negativos. Entonces*

$$\left(\sum_{i=1}^{n} (x_i + y_i)^p \right)^{\frac{1}{p}} \leq \left(\sum_{i=1}^{n} x_i^p \right)^{\frac{1}{p}} + \left(\sum_{i=1}^{n} y_i^p \right)^{\frac{1}{p}}.$$

Demostración. Sea q el exponente conjugado de p. De la desigualdad de Hölder deducimos

$$\sum_{i=1}^{n} (x_i + y_i)^p = \sum_{i=1}^{n} (x_i + y_i)^{p-1} (x_i + y_i)$$

$$= \sum_{i=1}^{n} (x_i + y_i)^{p-1} x_i + \sum_{i=1}^{n} (x_i + y_i)^{p-1} y_i$$

$$\leq \|x\|_p \left(\sum_{i=1}^{n} (x_i + y_i)^{(p-1)q} \right)^{1/q} + \|y\|_p \left(\sum_{i=1}^{n} (x_i + y_i)^{(p-1)q} \right)^{1/q}.$$

Como $(p-1)q = p$, obtenemos

$$\|x+y\|_p^p \leq (\|x\|_p + \|y\|_p) \|x+y\|_p^{p/q}.$$

Si $\|x+y\|_p = 0$ la desigualdad que queremos probar es trivial, luego suponemos que $\|x+y\|_p \neq 0$. Dividiendo por $\|x+y\|_p^{p/q}$ queda

$$\|x+y\|_p \leq \|x\|_p + \|y\|_p$$

ya que $p - \frac{p}{q} = 1$.

$\square$

Ejemplo 1.1.8. Para cada $1 < p < \infty$ se cumple que $(\mathbb{R}^n, \|\cdot\|_p)$ es un espacio normado. En efecto, la desigualdad triangular se sigue de la desigualdad de Minkowski (teorema 1.1.7) aplicada a los números $|x_i|, |y_i|, 1 \leq i \leq n$. $\square$

Las normas en el ejemplo 1.1.8 se pueden extender a espacios de sucesiones como sigue.

Ejemplo 1.1.9. Sea $1 \leq p < \infty$ y consideramos

$$\ell^p := \left\{ x = (x_n)_n \subset \mathbb{K} : \quad \|x\|_p := \left(\sum_{n=1}^{\infty} |x_n|^p \right)^{\frac{1}{p}} < \infty \right\}.$$

Entonces $(\ell^p, \|\cdot\|_p)$ es un espacio normado.

Es obvio que $\|\cdot\|_p$ cumple las propiedades (1) y (2) de la definición 1.1.1. Además, si $x = (x_n)_n, y = (y_n)_n$ son dos elementos de ℓ^p entonces, por el ejemplo 1.1.8, tenemos

$$\left(\sum_{n=1}^{N} |x_n + y_n|^p \right)^{\frac{1}{p}} \leq \left(\sum_{n=1}^{N} |x_n|^p \right)^{\frac{1}{p}} + \left(\sum_{n=1}^{N} |y_n|^p \right)^{\frac{1}{p}} \leq \|x\|_p + \|y\|_p \quad (1.1.1)$$

para todo $N \in \mathbb{N}$. Esto demuestra que la serie $\sum_{n=1}^{\infty} |x_n + y_n|^p$ es convergente, luego $x + y \in \ell^p$ y ℓ^p es un espacio vectorial. Además, tomando límites en (1.1.1) cuando $N \to \infty$ concluimos $\|x + y\|_p \leq \|x\|_p + \|y\|_p$. Por tanto $\|\cdot\|_p$ es una norma. $\square$

Obviamente hay dos espacios ℓ^p según consideremos $\mathbb{K} = \mathbb{R}$ o $\mathbb{K} = \mathbb{C}$.

De especial interés son las normas definidas en espacios vectoriales cuyos elementos son funciones. Quizás el ejemplo más sencillo es el siguiente. En la sección 1.4 veremos un análogo funcional de los espacios ℓ^p.

Ejemplo 1.1.10. Sea K un espacio topológico compacto y denotamos por $C(K)$ el espacio vectorial de las funciones numéricas (reales o complejas) sobre K. Entonces $(C(K), \|\cdot\|_\infty)$ es un espacio normado, donde

$$\|f\|_\infty := \max_{x \in K} |f(x)|.$$

Se sigue de la definición que una sucesión de funciones $(f_n)_n$ converge a f en $(C(K), \|\cdot\|_\infty)$ si y solo si $(f_n(x))_n$ converge a $f(x)$ uniformemente cuando $x \in K$. Esto es, si y solo si, para todo $\varepsilon > 0$ existe $n_0 \in \mathbb{N}$ tal que si $n \geq n_0$ se cumple que $|f_n(x) - f(x)| < \varepsilon \ \forall x \in K$. $\square$

Cuando $K = [a, b]$ escribiremos $C[a, b]$ para denotar $C(K)$. Observamos que en este contexto $d(f, g) = \|f - g\|_\infty$ mide la mayor distancia en vertical entre las gráficas de las funciones f y g.

Ejemplo 1.1.11. $(C[a,b], \|\cdot\|_1)$ es un espacio normado, donde

$$\|f\|_1 = \int_a^b |f(x)| \, dx.$$

$d(f,g) = \|f - g\|_1$ mide el área de la región limitada por las dos gráficas.

Observamos que si $(f_n)_n$ converge a g en $(C[a,b], \|\cdot\|_\infty)$ entonces

$$g(x) = \lim_n f_n(x) \quad \forall x \in [a,b].$$

Esto se debe a que $|f_n(x) - g(x)| \leq \|f_n - g\|_\infty$. En cambio la sucesión de funciones $(f_n)_n$ definida como

$$f_n(x) = n - xn^3 \text{ si } 0 \leq x \leq \frac{1}{n^2}, \ f_n(x) = 0 \text{ si } \frac{1}{n^2} \leq x \leq 1,$$

converge a la función nula en $(C[0,1], \|\cdot\|_1)$ aunque $(f_n(0))_n$ no tiene límite cuando $n \to \infty$. En efecto,

$$\lim_n \|f_n\|_1 = \lim_n \int_0^{\frac{1}{n^2}} (n - xn^3) \, dx = \lim_n \frac{1}{2n} = 0. \quad \square$$

Definición 1.1.12. *Sea $(E, \|\cdot\|)$ un espacio normado. Si el espacio métrico (E, d) es completo diremos que $(E, \|\cdot\|)$ es un espacio de Banach.*

Ejemplo 1.1.13. Si K es un espacio topológico compacto entonces $(C(K), \|\cdot\|_\infty)$ es un espacio de Banach.

Demostración. En efecto, sea $(f_n)_n$ una sucesión de Cauchy. Para cada $x \in K$ se sigue de la desigualdad

$$|f_n(x) - f_m(x)| \leq \|f_n - f_m\|_\infty$$

que $(f_n(x))_n$ es una sucesión de Cauchy de números reales o complejos. Por tanto existe

$$f(x) := \lim_n f_n(x), \ x \in K.$$

Para terminar basta comprobar que $f \in C(K)$ y $\lim_n \|f_n - f\|_\infty = 0$. Fijado $\varepsilon > 0$ existe $n_0 \in \mathbb{N}$ tal que

$$\|f_n - f_m\|_\infty < \varepsilon \quad \forall n, m \geq n_0.$$

Entonces, para cada $n \geq n_0$ y $x \in K$ se tiene

$$|f_n(x) - f_m(x)| \leq \|f_n - f_m\|_\infty < \varepsilon \quad \forall m \geq n_0.$$

Tomando límites cuando $m \to \infty$ concluimos que

$$|f_n(x) - f(x)| \leq \varepsilon \quad \forall x \in K, \ \forall n \geq n_0.$$

Si comprobamos que f es continua habremos terminado la demostración. Pero fijados $x_0 \in K$ y $\varepsilon > 0$ tomamos n_0 como antes y (por ser f_{n_0} continua) encontramos un entorno U de x_0 en K tal que $|f_{n_0}(x) - f_{n_0}(x_0)| \leq \varepsilon$ siempre que $x \in U$. Entonces para cada $x \in U$ se cumple

$$|f(x) - f(x_0)| \leq |f(x) - f_{n_0}(x)| + |f_{n_0}(x) - f_{n_0}(x_0)| + |f_{n_0}(x_0) - f(x_0)| \leq 3\varepsilon,$$

lo que prueba la continuidad de f y concluye la demostración. $\qquad \square$

Ejemplo 1.1.14. Para cada $1 \leq p < \infty$, $(\ell^p, \|\cdot\|_p)$ es un espacio de Banach.

Demostración. Sea $\left(\boldsymbol{x}^k\right)_k$ una sucesión de Cauchy en ℓ^p, $\boldsymbol{x}^k = \left(x_n^k\right)_n \in \ell^p$. Fijado $\varepsilon > 0$ existe $k_0 \in \mathbb{N}$ tal que

$$\|\boldsymbol{x}^k - \boldsymbol{x}^\ell\|_p \leq \varepsilon \quad \forall \ell, k \geq k_0.$$

Para cada $n \in \mathbb{N}$ se sigue de la desigualdad

$$|x_n^k - x_n^\ell| \leq \|\boldsymbol{x}^k - \boldsymbol{x}^\ell\|_p$$

que $\left(x_n^k\right)_k$ es una sucesión de Cauchy en el cuerpo de escalares $\mathbb{K}$. Por tanto existe

$$y_n := \lim_k x_n^k, \quad n \in \mathbb{N}.$$

Probaremos que $\boldsymbol{y} = (y_n)_n \in \ell^p$ y además $\|\boldsymbol{x}^k - \boldsymbol{y}\|_p \leq \varepsilon$ siempre que $k \geq k_0$. Para ello observamos que si $N \in \mathbb{N}$ y $k \geq k_0$ entonces

$$\sum_{n=1}^N |x_n^k - x_n^\ell|^p \leq \|\boldsymbol{x}^k - \boldsymbol{x}^\ell\|_p^p \leq \varepsilon^p \quad \forall \ell \geq k_0.$$

Tomando límites cuando $\ell \to \infty$ concluimos

$$\sum_{n=1}^N |x_n^k - y_n|^p \leq \varepsilon^p \quad \forall N \in \mathbb{N}, \ k \geq k_0.$$

Si ahora tomamos límites cuando $N \to \infty$ obtenemos que $\boldsymbol{x}^k - \boldsymbol{y} \in \ell^p$ para todo $k \geq k_0$ (luego $\boldsymbol{y} \in \ell^p$) y además

$$\|\boldsymbol{x}^k - \boldsymbol{y}\|_p \leq \varepsilon \quad \forall k \geq k_0,$$

lo que concluye la demostración. $\qquad \square$

Sabemos que toda serie de números reales o complejos que sea absolutamente convergente es convergente. Terminamos esta sección con el siguiente resultado.

Teorema 1.1.15. Sea $(E, \|\cdot\|)$ un espacio normado. Son equivalentes:

(1) $(E, \|\cdot\|)$ es un espacio de Banach.

(2) Si $(x_n)_n \subset E$ y $\displaystyle\sum_{n=1}^{\infty} \|x_n\| < \infty$ entonces $\displaystyle\sum_{n=1}^{\infty} x_n$ converge en E.

Demostración. $(1) \Rightarrow (2)$. Sea $(x_n)_n \subset E$ una sucesión tal que $\displaystyle\sum_{n=1}^{\infty} \|x_n\| < \infty$. Entonces las sumas parciales $S_N = \sum_{n=1}^{N} x_n$ forman una sucesión de Cauchy, ya que si $p < q$ tenemos

$$\|S_q - S_p\| = \|\sum_{n=p+1}^{q} x_n\| \leq \sum_{n=p+1}^{q} \|x_n\|.$$

Por hipótesis, $(S_N)_N$ es convergente, lo que quiere decir que $\displaystyle\sum_{n=1}^{\infty} x_n$ converge en E.

$(2) \Rightarrow (1)$. Sea $(y_n)_n$ una sucesión de Cauchy en E. Podemos construir de forma recurrente una sucesión de números naturales $n_1 < n_2 < \ldots < n_k < \ldots$ para los que

$$\|y_q - y_p\| \leq 2^{-k} \quad \text{si} \quad q \geq p \geq n_k.$$

En particular

$$\|y_{n_{k+1}} - y_{n_k}\| \leq 2^{-k},$$

lo que implica que la serie

$$\sum_{k=1}^{\infty} \left(y_{n_{k+1}} - y_{n_k} \right)$$

es convergente por la hipótesis (2). Debido a que

$$y_{n_1} + \sum_{k=1}^{N} \left(y_{n_{k+1}} - y_{n_k} \right) = y_{n_{N+1}}$$

obtenemos que $(y_{n_k})_k$ es convergente a un elemento $y \in E$. Veamos ahora que también $(y_n)_n$ es convergente a y. En efecto, dado $\varepsilon > 0$ elegimos $\ell \in \mathbb{N}$ de modo que $2^{-\ell} < \varepsilon$ y $\|y_{n_\ell} - y\| \leq \varepsilon$. Si $p \geq n_\ell$ entonces

$$\|y_p - y\| \leq \|y_p - y_{n_\ell}\| + \|y_{n_\ell} - y\| \leq 2^{-\ell} + \varepsilon \leq 2\varepsilon.$$

Por tanto $\lim_{n} y_n = y$. $\qquad\qquad\square$

1.2. Aplicaciones lineales y continuas

Vamos a comprobar que, debido a la linealidad, la continuidad en el origen de una aplicación lineal entre dos espacios normados equivale a la continuidad en todos los puntos. Además la continuidad se reduce a comprobar una desigualdad.

A veces, por comodidad usamos la misma notación para denotar dos normas en espacios vectoriales distintos. En este sentido, la notación usada en el teorema 1.2.1 es una excepción.

Teorema 1.2.1. *Sean $(E, \|\cdot\|_E)$ y $(F, \|\cdot\|_F)$ dos espacios normados y $T : E \to F$ una aplicación lineal. Son equivalentes:*

(i) T es continua.

(ii) T es continua en el origen.

(iii) Existe $C \geq 0$ tal que $\|Tx\|_F \leq C\|x\|_E \quad \forall x \in E$.

(iv) Existe $C \geq 0$ tal que $\|Tx\|_F \leq C$ para todo $x \in B_E$.

(v) El conjunto $T(B_E)$ está contenido en una bola centrada en el origen.

Demostración. $(ii) \Rightarrow (iii)$. Por ser $T(0) = 0$ existe $\varepsilon > 0$ tal que $T\left(\overline{B_E}(0,\varepsilon)\right) \subset \overline{B_F}(0,1)$. Si $x \in E$ entonces

$$\frac{\varepsilon x}{\|x\|_E} \in \overline{B_E}(0,\varepsilon)$$

y por tanto

$$\left\|T\left(\frac{\varepsilon x}{\|x\|_E}\right)\right\|_F \leq 1.$$

Es decir,

$$\|Tx\|_F \leq \frac{1}{\varepsilon}\|x\|_E.$$

$(iii) \Rightarrow (iv)$. Es obvio ya que $\|x\|_E \leq 1$ para todo $x \in B_E$.

$(iv) \Rightarrow (v)$. La condición (iv) quiere decir que $T(B_E)$ está contenida en la bola cerrada centrada en el origen y de radio C.

$(v) \Rightarrow (i)$. Sea $r > 0$ tal que $T(B_E) \subset B_F(0,r)$. Ahora fijamos $x_0 \in E$, $\varepsilon > 0$ y elegimos $\delta = \frac{\varepsilon}{r}$. Si $\|x - x_0\|_E < \delta$ entonces $\left\|T\left(\frac{x-x_0}{\delta}\right)\right\|_F < r$ y por las propiedades de la norma y la linealidad de T obtenemos

$$\|Tx - Tx_0\|_F < \delta r = \varepsilon.$$

$\square$

De la condición (iii) del teorema 1.2.1 se sigue que toda aplicación lineal y continua $T : E \to F$ entre dos espacios normados satisface una condición de Lipschitz. En efecto, para cada $x, y \in E$ se cumple

$$\|Tx - Ty\|_F = \|T(x-y)\|_F \leq C\|x-y\|_E.$$

Ejemplo 1.2.2. Para cada función continua $\varphi : [a,b] \to [c,d]$, la aplicación

$$T : (C[c,d], \|\cdot\|_\infty) \to (C[a,b], \|\cdot\|_\infty), \quad Tf = f \circ \varphi,$$

es lineal y continua.

En efecto, es obvio que T está bien definida y es lineal. Como

$$\|Tf\|_\infty = \sup_{x \in [a,b]} |f(\varphi(x))| \leq \sup_{y \in [c,d]} |f(y)| = \|f\|_\infty,$$

se cumple la condición (iii) del teorema 1.2.1 con $C = 1$. $\square$

Corolario 1.2.3. *En todo espacio normado $(E, \|\cdot\|)$ de dimensión infinita existen formas lineales $u : E \to \mathbb{K}$ que no son continuas.*

Demostración. Puesto que E tiene dimensión infinita podemos encontrar una sucesión $(x_n)_n$ formada por vectores linealmente independientes y de norma 1. Sea $\mathscr{B}$ una base algebraica cualquiera del espacio vectorial E que contenga los vectores x_n, $n \in \mathbb{N}$. Existe una única aplicación lineal $u : E \to \mathbb{K}$ tal que $u(x_n) = n\|x_n\|$ para todo $n \in \mathbb{N}$ y $u(y) = 0$ para todo $y \in \mathscr{B} \setminus \{x_n : n \in \mathbb{N}\}$. De la condición (iii) del teorema 1.2.1 se deduce que u no es continua. $\square$

1.3. Espacios normados de dimensión finita

Un isomorfismo entre dos espacios normados $(E, \|\cdot\|)$ y $(F, \|\cdot\|)$ es una biyección lineal y continua $T : E \to F$ cuya inversa T^{-1} también es continua. Es decir, T es un isomorfismo lineal (entre los espacios vectoriales correspondientes) que además es un homeomorfismo entre espacios topológicos. Probaremos que todo espacio normado de dimensión finita n sobre el cuerpo $\mathbb{K}$ es isomorfo a $\mathbb{K}^n$ dotado con la norma euclídea y caracterizaremos la propiedad algebraica de tener dimensión finita en términos de una propiedad de carácter puramente topológico.

1.3.1. Normas equivalentes

Definición 1.3.1. *Sea E un espacio vectorial. Dos normas $\|\cdot\|_1$ y $\|\cdot\|_2$ en E son equivalentes si existen constantes $A, B > 0$ tales que*

$$A\|x\|_1 \leq \|x\|_2 \leq B\|x\|_1 \quad \forall x \in E.$$

Por el teorema 1.2.1, que las dos normas sean equivalentes quiere decir que la aplicación identidad

$$f : (E, \| \cdot \|_1) \to (E, \| \cdot \|_2), \ f(x) = x,$$

es continua y tiene inversa continua. Por tanto, dos normas equivalentes definen la misma topología en E. Observemos que

$$B_2(x_0, \varepsilon A) \subset B_1(x_0, \varepsilon), \ B_1(x_0, \frac{\varepsilon}{B}) \subset B_2(x_0, \varepsilon),$$

donde $B_j(x_0, r)$ denota la bola abierta centrada en x_0 y de radio r en el espacio normado $(E, \| \cdot \|_j)$.

Teorema 1.3.2. *En $\mathbb{K}^n$ todas las normas son equivalentes.*

Demostración. Basta probar que una norma arbitraria $\| \cdot \|$ en $\mathbb{K}^n$ es equivalente a la norma euclídea $\| \cdot \|_2$. Primero observamos que si $x = (x_1, \dots, x_n) \in \mathbb{K}^n$ entonces, para cada $1 \leq j \leq n$,

$$|x_j| \leq \left(\sum_{k=1}^{n} |x_k|^2 \right)^{\frac{1}{2}} = \|x\|_2.$$

Por tanto

$$\|x\| = \| \sum_{j=1}^{n} x_j e_j \| \leq \sum_{j=1}^{n} |x_j| \cdot \|e_j\| \leq B \|x\|_2$$

donde $B = \sum_{j=1}^{n} \|e_j\|$ y $\{e_j : 1 \leq j \leq n\}$ denota la base canónica de $\mathbb{K}^n$. En consecuencia, la aplicación identidad

$$f : (\mathbb{K}^n, \| \cdot \|_2) \to (\mathbb{K}^n, \| \cdot \|), \ f(x) = x,$$

es continua (teorema 1.2.1). Puesto que el conjunto

$$K = \{x \in \mathbb{K}^n : \|x\|_2 = 1\}$$

es compacto en $(\mathbb{K}^n, \| \cdot \|_2)$ deducimos que también $K = f(K)$ es compacto en $(\mathbb{K}^n, \| \cdot \|)$. Además, la aplicación

$$\| \cdot \| : (\mathbb{K}^n, \| \cdot \|) \to [0, \infty)$$

es continua (proposición 1.1.2) luego tiene mínimo absoluto en el conjunto compacto K. Es decir, existe $x_0 \in K$ tal que

$$\|x\| \geq \|x_0\| > 0 \ \forall x \in K.$$

Sea ahora $x \in \mathbb{K}^n$, $x \neq 0$, un vector arbitrario. Tenemos que $\frac{x}{\|x\|_2} \in K$ y, consecuentemente,

$$\|\frac{x}{\|x\|_2}\| \geq \|x_0\|,$$

lo que significa que $\|x_0\| \cdot \|x\|_2 \leq \|x\| \leq B\|x\|_2$ y se cumplen las condiciones de la definición 1.3.1 con $A = \|x_0\|$. $\qquad\square$

Definición 1.3.3. *Sea* $(E, \|\cdot\|)$ *un espacio normado. Diremos que* $A \subset E$ *es un conjunto acotado si existe* $M > 0$ *tal que*

$$\|x\| \leq M \quad \forall x \in A.$$

Los conjuntos acotados son los que están contenidos en alguna bola. Se sigue de la definición 1.3.1 que dos normas equivalentes definen la misma familia de conjuntos acotados.

Corolario 1.3.4. *Sea* $(E, \|\cdot\|)$ *un espacio normado de dimensión finita n sobre el cuerpo* $\mathbb{K}$*. Entonces* $(E, \|\cdot\|)$ *es isomorfo a* $(\mathbb{K}^n, \|\cdot\|_2)$*. En particular*

(a) Toda sucesión acotada $(x_m)_m \subset E$ *admite alguna subsucesión convergente.*

(b) $(E, \|\cdot\|)$ *es un espacio de Banach.*

Demostración. Existe un isomorfismo $\mathbb{K}$-lineal $\varphi : \mathbb{K}^n \to E$. Definimos una norma $\|\|\cdot\|\|$ en $\mathbb{K}^n$ mediante

$$\|\|y\|\| := \|\varphi(y)\|, \quad y \in \mathbb{K}^n.$$

Por el teorema 1.3.2, $\|\|\cdot\|\|$ es una norma equivalente a la norma euclídea $\|\cdot\|_2$ en $\mathbb{K}^n$. Es decir, existen constantes $A, B > 0$ tales que

$$A\|\varphi(y)\| \leq \|y\|_2 \leq B\|\varphi(y)\| \quad \forall\, y \in \mathbb{K}^n.$$

Del teorema 1.2.1 se sigue que tanto φ como φ^{-1} son continuas. Por tanto φ es un isomorfismo entre espacios normados.

(a) Sea $(x_m)_m$ una sucesión acotada en $(E, \|\cdot\|)$. Por la definición de la norma $\|\|\cdot\|\|$ en $\mathbb{K}^n$ se tiene que $y_m := \varphi^{-1}(x_m)$ define una sucesión $(y_m)_m$ acotada en $(\mathbb{K}^n, \|\|\cdot\|\|)$, luego en $(\mathbb{K}^n, \|\cdot\|_2)$. Por el teorema de Bolzano-Weierstrass, existe una subsucesión $(y_{m_k})_k$ convergente en $(\mathbb{K}^n, \|\cdot\|_2)$, luego en $(\mathbb{K}^n, \|\|\cdot\|\|)$. Si llamamos $y = \lím_k y_{m_k}$ entonces se cumple que $\lím_k x_{m_k} = \varphi(y)$ puesto que

$$\lím_k \|x_{m_k} - \varphi(y)\| = \lím_k \|\varphi(y_{m_k}) - \varphi(y)\| = \lím_k \|\|y_{m_k} - y\|\| = 0.$$

(b) se prueba usando las misma técnica del apartado (a). $\qquad\square$

Corolario 1.3.5. *Sean* $(E, \|\cdot\|)$ *un espacio normado y F un subespacio vectorial de E de dimensión finita. Entonces F es cerrado en E.*

Demostración. Sea $(x_n)_n$ una sucesión en F convergente a $x_0 \in E$. Entonces $(x_n)_n$ es una sucesión de Cauchy en el espacio de Banach $(F, \|\cdot\|)$. Por tanto la sucesión converge en F, lo que implica que $x_0 \in F$. $\qquad\square$

1.3.2. Compacidad de las bolas cerradas

La demostración de la equivalencia de normas en espacios vectoriales de dimensión finita se basa en la compacidad de la bola unidad cerrada de $(\mathbb{K}^n, \|\cdot\|_2)$. El objetivo de este apartado es probar que la compacidad de las bolas cerradas caracteriza los espacios normados de dimensión finita.

Según se estudió en Análisis Matemático II, en el espacio normado $(\mathbb{R}^n, \|\cdot\|_2)$ los conjuntos compactos coinciden con los conjuntos que son simultáneamente cerrados y acotados. De los resultados anteriores deduciremos que esta caracterización de los conjuntos compactos es cierta en cualquier espacio normado de dimensión finita. En la demostración usaremos que, en un espacio métrico arbitrario (X, d), un conjunto $A \subset X$ es compacto si y solo si A es sucesionalmente compacto, es decir, si toda sucesión $(x_n)_n \subset A$ admite alguna subsucesión convergente a un punto de A.

Corolario 1.3.6. *Sea* $(E, \|\cdot\|)$ *un espacio normado. Entonces todo subconjunto compacto $A \subset E$ es cerrado y acotado. Si E tiene dimensión finita entonces el recíproco también es cierto.*

Demostración. Supongamos primero que $A \subset E$ es compacto. Todo conjunto compacto en un espacio topológico (Hausdorff) es cerrado. Además, las bolas abiertas $B(0, n)$, $n \in \mathbb{N}$, forman un cubrimiento abierto de E. Por tanto, siendo A compacto, necesariamente debe existir $n \in \mathbb{N}$ de modo que $A \subset B(0, n)$, así que A es acotado.

Supongamos ahora que A es cerrado y acotado y E tiene dimensión finita. Si $(x_n)_n$ es una sucesión contenida en A se sigue del corolario 1.3.4 que existe una subsucesión convergente $(x_{n_k})_k$. Si denotamos $x_0 = \lim_k x_{n_k}$ entonces $x_0 \in \overline{A} = A$. Por tanto A es sucesionalmente compacto y la prueba está completa. $\qquad\square$

La caracterización de conjuntos compactos proporcionada por el corolario 1.3.6 no es válida en espacios normados de dimensión infinita, como muestra el ejemplo siguiente.

Ejemplo 1.3.7. Para cada $1 \leq p < \infty$, la bola unidad cerrada de ℓ^p no es un conjunto compacto.

16

En efecto, sea e_n la sucesión cuyas coordenadas valen 0 excepto la coordenada n-ésima que vale 1. La sucesión $(e_n)_n$ está acotada en ℓ^p pero no admite subsucesiones convergentes porque para cada $n \neq m$ se cumple $\|e_n - e_m\|_p = 2^{\frac{1}{p}}$, lo que impide que $(e_n)_n$ admita subsucesiones de Cauchy. $\square$

Teorema 1.3.8. *Sea* $(E, \|\cdot\|)$ *un espacio normado. Las siguientes afirmaciones son equivalentes:*

(1) E tiene dimensión finita.

(2) Todo conjunto cerrado y acotado de E es compacto.

(3) La bola unidad cerrada de E es un conjunto compacto.

Demostración. Por el corolario 1.3.6 tenemos (1) $\Rightarrow$ (2), de modo que es suficiente probar (3) $\Rightarrow$ (1). Para ello supongamos que

$$K = \{x \in E : \|x\| \leq 1\}$$

es un conjunto compacto. Puesto que

$$K \subset \bigcup_{x \in K} B(x, \frac{1}{2}),$$

deducimos que existen $x_1, \ldots, x_m \in K$ tales que

$$K \subset \bigcup_{j=1}^{m} B(x_j, \frac{1}{2}).$$

Demostraremos que $E = F$ siendo F la envoltura lineal de los vectores $\{x_1, \ldots, x_m\}$. Para ello, fijamos primero $x \in K$. Existe $y_1 \in F$ tal que $\|x - y_1\| < \frac{1}{2}$ (de hecho $y_1 = x_j$ para algún $j = 1, \ldots, m$). Puesto que $\|2x - 2y_1\| < 1$ tenemos que $2x - 2y_1 \in K$ y existe $y_2 \in F$ tal que $\|2x - 2y_1 - y_2\| < \frac{1}{2}$, lo que quiere decir que

$$\|x - y_1 - \frac{1}{2}y_2\| < \frac{1}{4}.$$

De nuevo, la condición $\|4x - 4y_1 - 2y_2\| < 1$ permite encontrar $y_3 \in F$ tal que $\|4x - 4y_1 - 2y_2 - y_3\| < \frac{1}{2}$, es decir

$$\|x - y_1 - \frac{1}{2}y_2 - \frac{1}{4}y_3\| < \frac{1}{8}.$$

Procediendo por inducción encontramos una sucesión $(y_k)_k \subset F$ tal que

$$\left\| x - \sum_{k=1}^{N} \frac{1}{2^{k-1}} y_k \right\| < \frac{1}{2^N}$$

para todo $N \in \mathbb{N}$. Por tanto

$$x = \lim_{N} \sum_{k=1}^{N} \frac{1}{2^{k-1}} y_k \in \overline{F} = F.$$

La última igualdad se sigue del corolario 1.3.5. Para terminar, observamos que si $x \in E, x \neq 0$, entonces $\frac{x}{\|x\|} \in K \subset F$ y, por tanto, $x \in F$, lo que concluye la prueba. $\qquad\square$

1.4. Espacios de Lebesgue $L^p(\Omega)$

En esta sección $\Omega \subset \mathbb{R}^d$ es un subconjunto medible Lebesgue. Se dice que una función

$$f : \Omega \to \mathbb{C}, \quad f = f_1 + i f_2, \quad f_1 = \mathrm{Re} f, \quad f_2 = \mathrm{Im} f,$$

es medible (integrable) si cada una de las funciones f_1, f_2 lo es. De la teoría de la integral de Lebesgue para funciones con valores reales se sigue que, si f es medible, f es integrable si y solo si $|f|$ lo es.

Fijamos el cuerpo de escalares $\mathbb{K} = \mathbb{R}$ o $\mathbb{K} = \mathbb{C}$. Para cada $p \in [1, +\infty)$ denotamos por $\mathscr{L}^p(\Omega)$ el conjunto de las funciones medibles $f : \Omega \to \mathbb{K}$ tales que $|f|^p$ es integrable Lebesgue en Ω. Para cada $f \in \mathscr{L}^p(\Omega)$ escribimos

$$\|f\|_p := \left(\int_\Omega |f(x)|^p \, dx \right)^{\frac{1}{p}}.$$

Nuestro primer objetivo es demostrar que $\mathscr{L}^p(\Omega)$ es un espacio vectorial y $\| \cdot \|_p$ cumple las condiciones (2) y (3) de la definición de norma. Es obvio que no se cumple la condición (1) ya que si $f \neq 0$ pero $f(x) = 0$ casi por todas partes (abreviado cpp a partir de ahora) entonces $\|f\|_p = 0$.

Teorema 1.4.1 (Desigualdad de Hölder)**.** *Sean $p > 1$, q el exponente conjugado de p, $f \in \mathscr{L}^p(\Omega)$ y $g \in \mathscr{L}^q(\Omega)$. Entonces $fg \in \mathscr{L}^1(\Omega)$ y*

$$\left| \int_\Omega f(x) g(x) \, dx \right| \leq \int_\Omega |f(x) g(x)| \, dx = \|fg\|_1 \leq \|f\|_p \cdot \|g\|_q.$$

Demostración. Si $\|f\|_p = 0$ o $\|g\|_q = 0$ entonces $f = 0$ cpp o $g = 0$ cpp, en cuyo caso la desigualdad es obvia. Por tanto supondremos que $\|f\|_p \neq 0$ y $\|g\|_q \neq 0$. Para cada $x \in \Omega$ la desigualdad de Young (teorema 1.1.5) nos dice que

$$\frac{|f(x)|}{\|f\|_p} \cdot \frac{|g(x)|}{\|g\|_q} \leq \frac{1}{p} \frac{|f(x)|^p}{\|f\|_p^p} + \frac{1}{q} \frac{|g(x)|^q}{\|g\|_q^q}.$$

El término de la derecha en la desigualdad anterior es integrable Lebesgue en Ω, luego también lo es el término de la izquierda. En particular $fg \in \mathscr{L}^1(\Omega)$. Además, al integrar la desigualdad anterior obtenemos

$$\frac{\|fg\|_1}{\|f\|_p \|g\|_q} \leq \frac{1}{p} \frac{\int_\Omega |f(x)|^p \, dx}{\|f\|_p^p} + \frac{1}{q} \frac{\int_\Omega |g(x)|^q \, dx}{\|g\|_q^q}$$

$$= \frac{1}{p} + \frac{1}{q} = 1.$$

$\square$

Nota. Si $p > 1$ y $f \in \mathscr{L}^p(\Omega)$ entonces $|f|^{p-1} \in \mathscr{L}^{p/(p-1)}(\Omega) = \mathscr{L}^q(\Omega)$. Además

$$\||f|^{p-1}\|_q = \left(\int_\Omega \left(|f(x)|^{p-1} \right)^q \, dx \right)^{1/q}$$

$$= \left(\int_\Omega \left(|f(x)|^{p-1} \right)^{p/(p-1)} \, dx \right)^{(p-1)/p} = \|f\|_p^{p-1}.$$

Teorema 1.4.2 (Desigualdad de Minkowski). *Si $p \geq 1$ y $f, g \in \mathscr{L}^p(\Omega)$ entonces $f + g \in \mathscr{L}^p(\Omega)$ y $\|f+g\|_p \leq \|f\|_p + \|g\|_p$.*

Demostración. Solo necesitamos considerar el caso $p > 1$ puesto que para $p = 1$ la desigualdad es obvia. Observamos que para cada $x \in \Omega$ se cumple

$$|f(x) + g(x)|^p \leq 2^p \max \{|f(x)|^p, |g(x)|^p\} \leq 2^p \left(|f(x)|^p + |g(x)|^p \right).$$

Esto prueba que $f + g \in \mathscr{L}^p(\Omega)$. Usando la nota anterior y la desigualdad de Hölder obtenemos

$$\|f+g\|_p^p = \int_\Omega |f(x) + g(x)|^p \, dx$$

$$\leq \int_\Omega |f(x)| \cdot |f(x) + g(x)|^{p-1} \, dx + \int_\Omega |g(x)| \cdot |f(x) + g(x)|^{p-1} \, dx$$

$$\leq \|f\|_p \cdot \||f+g|^{p-1}\|_q + \|g\|_p \cdot \||f+g|^{p-1}\|_q$$

$$= \|f\|_p \cdot \|f+g\|_p^{p-1} + \|g\|_p \cdot \|f+g\|_p^{p-1}$$

$$= (\|f\|_p + \|g\|_p) \cdot \|f+g\|_p^{p-1}.$$

Si dividimos los términos inicial y final de la desigualdad por $\|f+g\|_p^{p-1}$ obtenemos $\|f+g\|_p \leq \|f\|_p + \|g\|_p$.

$\square$

Entonces $(\mathscr{L}^p(\Omega), \|\cdot\|_p)$ cumple casi todas las propiedades necesarias para ser un espacio normado. El único problema es que la condición $\|f\|_p = 0$ no equivale a $f = 0$ sino a $f = 0$ casi por todas partes. Para poder obtener un espacio normado procedemos como sigue. En $\mathscr{L}^p(\Omega)$ consideramos la relación de equivalencia $f \sim g \Leftrightarrow f = g$ cpp. Ahora consideramos el espacio vectorial cociente

$$L^p(\Omega) = \mathscr{L}^p(\Omega)/\sim.$$

Si denotamos por $[f]$ la clase de equivalencia de $f \in \mathscr{L}^p(\Omega)$ entonces

$$\|[f]\|_p := \|f\|_p$$

está bien definida (es decir, no depende del representante elegido) y es una norma sobre $L^p(\Omega)$. De este modo obtenemos el espacio normado

$$(L^p(\Omega), \|\cdot\|_p).$$

Los espacios ℓ^p y $L^p(\Omega)$ son casos particulares de los espacios $L^p(\mu)$ siendo μ una medida positiva en un espacio de medida X.

A partir de ahora, para simplificar la notación, escribiremos f en vez de $[f]$ y $\|f\|_p$ en vez de $\|[f]\|_p$.

Nuestro siguiente objetivo es probar que $L^p(\Omega)$ es un espacio de Banach. Es importante observar que no podemos adaptar los argumentos del ejemplo 1.1.13 debido a que una sucesión de funciones puede ser convergente en $L^p(\Omega)$ y sin embargo, como veremos en el ejemplo 1.4.5, no converger puntualmente para algunos valores de la variable. Recordemos que los elementos de $L^p(\Omega)$ no son funciones sino clases de equivalencia de funciones. Por tanto, si $([f_n])_n$ es una sucesión en $L^p(\Omega)$ y $x_0 \in \Omega$ entonces la sucesión numérica $(f_n(x_0))_n$ depende del representante f_n que estamos eligiendo en cada clase de equivalencia $[f_n]$. Sin embargo, una vez fijada una sucesión de representantes $(f_n)_n$ veremos que la convergencia en $L^p(\Omega)$ implica la convergencia puntual casi por todas partes de alguna subsucesión.

Lema 1.4.3 (de Fatou)**.** *Sea* $(f_n)_n$ *una sucesión de funciones medibles y positivas en* Ω*. Entonces*

$$\int_\Omega \liminf_n f_n(x)\, dx \leq \liminf_n \int_\Omega f_n(x)\, dx.$$

Demostración. Consideramos $g_k(x) := \inf\{f_n(x) : n \geq k\}, k \in \mathbb{N}$. Entonces $(g_k)_k$ es una sucesión creciente de funciones medibles y además $\liminf_n f_n(x) = \lim_k g_k(x)$.
Por el teorema de la convergencia monótona tenemos

$$\int_\Omega \lim_k g_k(x)\, dx = \lim_k \int_\Omega g_k(x)\, dx \in [0, +\infty].$$

20

Por último, teniendo en cuenta que $g_k \leq f_k$,

$$\int_\Omega \liminf_n f_n(x)\,dx = \int_\Omega \lim_k g_k(x)\,dx = \lim_k \int_\Omega g_k(x)\,dx$$

$$= \liminf_k \int_\Omega g_k(x)\,dx \leq \liminf_k \int_\Omega f_k(x)\,dx.$$

$\square$

Teorema 1.4.4. *Para cada $1 \leq p < \infty$, se cumple que $(L^p(\Omega), \|\cdot\|_p)$ es un espacio de Banach.*

Demostración. Sea $(f_n)_n$ una sucesión de Cauchy en $L^p(\Omega)$. Existe una sucesión $(n_k)_k$ estrictamente creciente de números naturales tal que

$$\|f_{n_{k+1}} - f_{n_k}\|_p \leq \frac{1}{2^k}.$$

Ahora, para cada $m \in \mathbb{N}$ consideramos

$$g_m(x) := |f_{n_1}(x)| + \sum_{k=1}^m \left| f_{n_{k+1}}(x) - f_{n_k}(x) \right|.$$

Por la desigualdad de Minkowski (teorema 1.4.2),

$$\left(\int_\Omega |g_m(x)|^p\,dx \right)^{1/p} \leq \|f_{n_1}\|_p + \sum_{k=1}^m \|f_{n_{k+1}} - f_{n_k}\|_p \leq \|f_{n_1}\|_p + 1.$$

Puesto que $(|g_m|^p)_m$ es una sucesión creciente de funciones medibles y

$$\sup_m \int_\Omega |g_m(x)|^p\,dx < \infty,$$

el teorema de la convergencia monótona nos asegura que $(g_m(x))_m$ converge puntualmente casi por todas partes, es decir,

$$\sum_{k=1}^\infty \left| f_{n_{k+1}}(x) - f_{n_k}(x) \right| < \infty \quad \text{cpp}.$$

Por tanto, la serie (telescópica)

$$\sum_{k=1}^\infty \left(f_{n_{k+1}}(x) - f_{n_k}(x) \right)$$

21

es convergente para casi todo $x \in \Omega$. Esto quiere decir que la función

$$f(x) := \lim_m f_{n_m}(x) = \lim_m \left(f_{n_1}(x) + \sum_{k=1}^{m} \left(f_{n_{k+1}}(x) - f_{n_k}(x) \right) \right)$$

está definida casi por todas partes en Ω. Probaremos que $f \in L^p(\Omega)$ y $(f_n)_n$ converge a f en $L^p(\Omega)$. Para ello fijamos $\varepsilon > 0$ y tomamos $N \in \mathbb{N}$ de modo que $\|f_n - f_m\|_p \leq \varepsilon$ siempre que $n, m \geq N$. Para cada $m \geq N$ aplicamos el lema 1.4.3 para obtener

$$\int_\Omega |f(x) - f_m(x)|^p \, dx = \int_\Omega \liminf_k |f_{n_k}(x) - f_m(x)|^p \, dx$$

$$\leq \liminf_k \int_\Omega |f_{n_k}(x) - f_m(x)|^p \, dx \leq \varepsilon^p.$$

Esto prueba que $f - f_m \in L^p(\Omega)$, por tanto $f \in L^p(\Omega)$, y además $\|f - f_m\|_p \leq \varepsilon$ siempre que $m \geq N$. $\qquad\square$

El siguiente ejemplo muestra que, si $1 \leq p < +\infty$,

$$\lim_n \|f_n - f\|_p = 0 \nRightarrow f(x) = \lim_n f_n(x) \text{ para casi todo } x \in \Omega.$$

Ejemplo 1.4.5. Consideramos la sucesión $(f_n)_n \subset L^p(0,1)$ definida como

$$f_1 = \chi_{[0,\frac{1}{2}]}, \; f_2 = \chi_{[\frac{1}{2},1]}, \; f_3 = \chi_{[0,\frac{1}{4}]}, \; f_4 = \chi_{[\frac{1}{4},\frac{1}{2}]}, \; f_5 = \chi_{[\frac{1}{2},\frac{3}{4}]}, \; f_6 = \chi_{[\frac{3}{4},1]}, \ldots$$

Entonces, $f_n = \chi_{I_n}$ siendo I_n un intervalo cerrado cuya longitud tiende a 0 cuando n tiende a infinito, con lo cual $\lim_n \|f_n\|_p = 0$. Además, para cada $x \in (0,1)$ la sucesión $(f_n(x))_n$ toma los valores 0 y 1 infinitas veces, de donde se sigue que no existe $\lim_n f_n(x)$. $\square$

Sin embargo, de la demostración del teorema 1.4.4 se deduce el siguiente resultado.

Corolario 1.4.6. *Para cada $1 \leq p < \infty$, si $(f_n)_n$ converge a f en $L^p(\Omega)$ entonces $(f_n)_n$ admite una subsucesión que converge puntualmente casi por todas partes a f.*

Finalizamos la sección con un resultado relativo a las relaciones de inclusión entre los espacios de Lebesgue.

Proposición 1.4.7. *Sea $\Omega \subset \mathbb{R}^n$ un conjunto medible y con medida finita. Entonces $L^p(\Omega) \subset L^r(\Omega)$ con inclusión continua siempre que $1 \leq r < p$.*

Demostración. Sea $f \in L^p(\Omega)$. Como $|f|^p = (|f|^r)^{p/r}$ y $|f|^p$ es integrable, resulta que $|f|^r \in L^{p/r}(\Omega)$. Escribimos $s = \frac{p}{r} > 1$ y tomamos s' tal que $\frac{1}{s} + \frac{1}{s'} = 1$. El hecho de que la medida de Ω sea finita implica que χ_Ω pertenece a $L^{s'}(\Omega)$. De la desigualdad de Hölder (teorema 1.4.1)

$$\int_\Omega |f|^r(x)\,dx = \int_\Omega |f(x)|^r |\chi_\Omega(x)|\,dx \leq \left(\int_\Omega |f(x)|^{rs}\,dx\right)^{1/s} \left(\int_\Omega |\chi(x)|^{s'}\,dx\right)^{1/s'}$$

$$= C \left(\int_\Omega |f(x)|^p\,dx\right)^{r/p}$$

donde $C = \left(\int_\Omega |\chi(x)|^{s'}\,dx\right)^{1/s'} = |\Omega|^{1/s'}$, siendo $|\Omega|$ la medida de Lebesgue de Ω. Por tanto,

$$\|f\|_r \leq C^{\frac{1}{r}} \|f\|_p.$$

Esto prueba que $L^p(\Omega) \subset L^r(\Omega)$. La continuidad de la inclusión se sigue de la desigualdad anterior y el teorema 1.2.1. $\qquad\square$

1.5. La norma de un operador acotado

Por la condición (v) del teorema 1.2.1, las aplicaciones lineales y continuas $T : E \to F$ entre dos espacios normados también se conocen como operadores acotados. Por comodidad usaremos la misma notación $\|\cdot\|$ para denotar la norma de E y la norma de F.

Definición 1.5.1. *Sea $T : E \to F$ una aplicación lineal entre dos espacios normados. Diremos que T es un operador acotado si cumple las condiciones del teorema 1.2.1. La norma de dicho operador es*

$$\|T\| = \sup_{\|x\| \leq 1} \|Tx\|.$$

Proposición 1.5.2.

$$\|T\| = \sup_{\|x\|=1} \|Tx\| = \inf\{C \geq 0 : \|Tx\| \leq C\|x\| \ \forall x \in E\}.$$

Demostración. Sean

$$\alpha = \sup_{\|x\|=1} \|Tx\|; \quad \beta = \inf\{C \geq 0 : \|Tx\| \leq C\|x\| \ \forall x \in E\}.$$

Si la constante $C \geq 0$ cumple $\|Tx\| \leq C\|x\|$ $\forall x \in E$ entonces

$$\|T\| = \sup_{\|x\| \leq 1} \|Tx\| \leq C.$$

Por tanto $\|T\| \leq \beta$. Ahora bien, si $x \neq 0$, tenemos que $\frac{x}{\|x\|}$ tiene norma unidad y por tanto

$$\left\| T\left(\frac{x}{\|x\|}\right) \right\| \leq \alpha.$$

Se sigue que $\|Tx\| \leq \alpha\|x\|$ para todo $x \in E$. En consecuencia $\beta \leq \alpha$. La desigualdad $\alpha \leq \|T\|$ es obvia. $\qquad\square$

Observamos que la norma de $T\left(\dfrac{x}{\|x\|}\right)$ está dominada por $\|T\|$. Es decir,

$$\|Tx\| \leq \|T\| \cdot \|x\|. \tag{1.5.2}$$

Denotamos por $L(E,F)$ el conjunto de operadores acotados de E en F.

Proposición 1.5.3. $(L(E,F), \|\cdot\|)$ *es un espacio normado. Dados $T \in L(E,F)$ y $S \in L(F,G)$ se cumple $\|S \circ T\| \leq \|S\| \cdot \|T\|$.*

Demostración. Si $T_1, T_2 \in L(E,F)$ entonces

$$\|(T_1 + T_2)x\| \leq \|T_1 x\| + \|T_2 x\| \leq (\|T_1\| + \|T_2\|) \cdot \|x\| \quad \forall x \in E.$$

Por tanto

$$\|T_1 + T_2\| \leq \|T_1\| + \|T_2\|.$$

Las demás propiedades de la norma son obvias. Por tanto $(L(E,F), \|\cdot\|)$ es un espacio normado.

Supongamos ahora que $T \in L(E,F)$ y $S \in L(F,G)$. Entonces, para cada $x \in E$,

$$\|(S \circ T)(x)\| \leq \|S\| \cdot \|Tx\| \leq \|S\| \cdot \|T\| \cdot \|x\|,$$

lo que prueba que $\|S \circ T\| \leq \|S\| \cdot \|T\|$. $\qquad\square$

Proposición 1.5.4. *Si E es un espacio normado y F es un espacio de Banach entonces $(L(E,F), \|\cdot\|)$ es un espacio de Banach.*

Demostración. Sea $(T_n)_n$ una sucesión de Cauchy: dado $\varepsilon > 0$ existe n_0 tal que si $n, m \geq n_0$ entonces $\|T_n - T_m\| < \varepsilon$. Dado $x \in E$, de la desigualdad $\|T_n x - T_m x\| \leq \|T_n - T_m\|\|x\|$ se sigue que $(T_n x)_n$ es de Cauchy, luego convergente en F. Definimos

$$T : E \to F, \quad Tx = \lim_n T_n x,$$

que es lineal. Además, si $n \geq n_0$,

$$\|Tx - T_n x\| = \lim_m \|T_m x - T_n x\| \leq \varepsilon \|x\|.$$

Se sigue entonces que $T - T_n$, y por tanto T, es un operador acotado. Además, puesto que $\|T - T_n\| \leq \varepsilon$ para todo $n \geq n_0$, concluimos que $(T_n)_n$ converge a T en $L(E, F)$. $\qquad\square$

En particular, para todo espacio normado E se cumple que su dual $E^* = L(E, \mathbb{K})$ es un espacio de Banach con la norma dual

$$\|u\| = \sup_{\|x\| \leq 1} |u(x)|, \quad u \in E^*.$$

Ejemplo 1.5.5.   (1) Sea $\varphi : \mathbb{R}^n \to \mathbb{R}$ lineal. Sabemos que existe $a \in \mathbb{R}^n$ tal que $\varphi(x) = \langle x, a \rangle$. Calcularemos la norma de φ cuando en $\mathbb{R}^n$ consideramos las normas $\|\cdot\|_p$ siendo $1 \leq p \leq \infty$.

Supongamos primero que $1 < p < \infty$ y sea q el exponente conjugado de p. Por la desigualdad de Hölder (teorema 1.1.6) $|\varphi(x)| \leq \|a\|_q \|x\|_p$, de manera que $\|\varphi\| \leq \|a\|_q$. Ahora, para cada $1 \leq i \leq n$, sea $b_i \neq 0$ tal que $b_i a_i = |a_i|^q$, $b = (b_1, \ldots, b_n)$ y $c = \frac{1}{\|b\|_p} b$. Entonces,

$$\varphi(c) = \frac{1}{\|b\|_p} \|a\|_q^q.$$

Puesto que $\|b\|_p = \|a\|_q^{q/p}$, obtenemos $|\varphi(c)| = \|a\|_q$ ya que $q - \frac{q}{p} = 1$. Como $\|c\|_p = 1$, concluimos que $\|\varphi\| \geq \|a\|_q$. Por tanto $\|\varphi\| = \|a\|_q$.

Si $p = 1$ entonces $\|\varphi\| \leq \|a\|_\infty$. Para todo $1 \leq i \leq n$, $|a_i| = |\varphi(e_i)| \leq \|\varphi\|$. Por tanto, $\|\varphi\| \geq \|a\|_\infty$.

Si $p = \infty$ entonces $\|\varphi\| \leq \|a\|_1$. Para cada $1 \leq i \leq n$, sea $b_i \in \{-1, 1\}$ con $|a_i| = b_i a_i$ y $b = (b_1, \ldots, b_n)$. Entonces $\|b\|_\infty = 1$ y $\varphi(b) = \|a\|_1$, de forma que $\|\varphi\| \geq \|a\|_1$. $\square$

(2) Sea $T : (C[0,1], \|\cdot\|_\infty) \to (C[0,1], \|\cdot\|_\infty)$ definida por

$$(Tf)(x) = \int_0^x f(t)\,dt, \quad x \in [0,1].$$

T está bien definida y es lineal. Calculemos su norma. Si $f(x) = 1$ para todo x, entonces $\|f\|_\infty = 1$ y $\|Tf\|_\infty = 1$. Por tanto, $\|T\| \geq 1$. Por otra parte,

$$\left| \int_0^x f(t)\,dt \right| \leq \int_0^x |f(t)|\,dt \leq x \|f\|_\infty \leq \|f\|_\infty$$

para cada $x \in [0,1]$. Concluimos $\|T\| = 1$. $\square$

(3) Sea $a = (a_n)_n$ una sucesión acotada en $\mathbb{K}$. Definimos

$$D_a : \ell^2 \to \ell^2, \quad D_a(x) = (x_n a_n)_n.$$

Es un ejercicio comprobar que D_a es lineal y continua y que

$$\|D_a\| = \|a\|_\infty. \quad \square$$

(4) Sean $\mathbb{K} = \mathbb{R}$ y $\sigma \in C[0,1]$ no idénticamente nula. Definimos

$$\varphi : (C[0,1], \|\cdot\|_\infty) \to \mathbb{R}, \quad \varphi(f) = \int_0^1 f(x)\sigma(x)\,dx.$$

Claramente φ está bien definida y es lineal. Puesto que

$$|\varphi(f)| \leq \int_0^1 |f(x)| \cdot |\sigma(x)|\,dx \leq \|f\|_\infty \|\sigma\|_1$$

concluimos que $\|\varphi\| \leq \|\sigma\|_1$. Ahora, para cada $n \in \mathbb{N}$ consideramos

$$f_n = \frac{\sigma}{|\sigma| + \frac{1}{n}}$$

y observamos que $\|f_n\|_\infty \leq 1$, lo que implica $\|\varphi\| \geq \varphi(f_n)$. Para cada $x \in [0,1]$ se tiene

$$\lim_n f_n(x)\sigma(x) = |\sigma(x)| \text{ y } |f_n\sigma| \leq |\sigma|.$$

Aplicando el teorema de la convergencia dominada obtenemos

$$\lim_n \varphi(f_n) = \lim_n \int_0^1 f_n(x)\sigma(x)\,dx = \int_0^1 |\sigma(x)|\,dx.$$

Por tanto $\|\varphi\| \geq \|\sigma\|_1$. En resumen, $\|\varphi\| = \|\sigma\|_1$. $\square$

1.6. Ejercicios

Ejercicio 1.1. Demostrar que un subconjunto A de un espacio normado E es acotado si y solo si para toda sucesión $(x_n)_n$ en A y toda sucesión de escalares $(\lambda_n)_n$ que tiende a cero, la sucesión $(\lambda_n x_n)_n$ converge a cero en E.

Ejercicio 1.2. Demostrar que todo subespacio vectorial propio de un espacio normado tiene interior vacío. Deducir, usando el teorema de Baire, que no existen espacios de Banach de dimensión infinita numerable.

Ejercicio 1.3. Estudiar la convergencia en $L^2(0,1)$ de la sucesión $(f_n)_n$, siendo $f_n(x) = \frac{x}{x+n}$.

Ejercicio 1.4. Sea $C^1[0,1] := \{f : [0,1] \to \mathbb{R} : f \text{ es de clase } C^1 \text{ en } [0,1]\}$ dotado con la norma

$$\|f\| = \|f\|_\infty + \|f'\|_\infty.$$

Demostrar que $\|\cdot\|_\infty$ y $\|\cdot\|$ no son normas equivalentes en $C^1[0,1]$.

Sugerencia: considerar la sucesión $f_n(x) = \frac{\sin n^2 x}{n}$.

Ejercicio 1.5. Sea $f_n(x) = \frac{x^n}{n} - \frac{x^{n+1}}{n+1}$. Estudiar la convergencia de la sucesión $(f_n)_n$ en $(C[0,1], \|\cdot\|_\infty)$ y en el espacio normado $(C^1[0,1], \|\cdot\|)$ del ejercicio 1.4.

Ejercicio 1.6. Sea $E = \{f \in C[0,\infty) : \lim_{x\to\infty} f(x) = 0\}$ con la norma $\|\cdot\|_\infty$. Demostrar que

$$T : E \to E, \quad (Tf)(x) = f(x)\sin x,$$

define una aplicación lineal continua y calcular su norma.

Ejercicio 1.7. Sea T una aplicación lineal entre dos espacios normados E y F. Demostrar que T es continua si y solo si $(Tx_n)_n$ es acotada en F para toda sucesión $(x_n)_n$ convergente a 0 en E.

Ejercicio 1.8. Se define

$$\ell^\infty = \left\{ x = (x_n)_n \subset \mathbb{K} : \|x\|_\infty := \sup_n |x_n| < \infty \right\}.$$

Comprueba que $(\ell^\infty, \|\cdot\|_\infty)$ es un espacio de Banach.

Ejercicio 1.9. Sea c_0 el subespacio de ℓ^∞ formado por las sucesiones convergentes a 0. Prueba que c_0 es cerrado en ℓ^∞. ¿Es $(c_0, \|\cdot\|_\infty)$ un espacio de Banach?

Ejercicio 1.10. Si $\alpha = (\alpha_n)_{n=1}^\infty \in \ell^1$, comprobar que la sucesión

$$A(\alpha) = \left(\frac{\alpha_1 + 2\alpha_2 + \ldots + n\alpha_n}{n+1} \right)_{n=1}^\infty$$

es acotada, que la aplicación $A : \ell^1 \to \ell^\infty$ es lineal y continua y $\| A \| = 1$.

Ejercicio 1.11. Sean $f \in L^2(\mathbb{R}^2)$ y $f_n(x,y) = f(nx,ny)$. Usar los teoremas 1.1.15 y 1.4.4 para probar que la serie $\sum_{n=1}^\infty \frac{f_n}{\sqrt{n}}$ converge en $L^2(\mathbb{R}^2)$.

Capítulo 2

Espacios de Hilbert

2.1. Producto escalar y norma asociada

Introduciremos los espacios con producto interior, mostraremos como se puede asociar una norma y estudiaremos sus propiedades básicas.

Definición 2.1.1. *Un espacio prehilbertiano* $(H, \langle \cdot, \cdot \rangle)$ *es un espacio vectorial H sobre* $\mathbb{K}$ *dotado con un producto interior (o producto escalar)* $\langle \cdot, \cdot \rangle$, *que es una aplicación*

$$H \times H \to \mathbb{K}$$

con las propiedades siguientes:

(1) $\langle \alpha x + \beta y, z \rangle = \alpha \langle x, z \rangle + \beta \langle y, z \rangle$ *para cada* $x, y, z \in H; \alpha, \beta \in \mathbb{K}$.

(2) $\langle x, y \rangle = \overline{\langle y, x \rangle}$ *(conjugación compleja) para cada* $x, y \in H$.

(3) $\langle x, x \rangle > 0$ *si* $x \neq 0$.

En el caso $\mathbb{K} = \mathbb{R}$ la condición (2) se reduce a $\langle x, y \rangle = \langle y, x \rangle$.

De (1) y (2) obtenemos que $\langle 0, x \rangle = \langle x, 0 \rangle = 0$ y también

$$\langle z, \alpha x + \beta y \rangle = \overline{\alpha} \langle z, x \rangle + \overline{\beta} \langle z, y \rangle.$$

En el caso $\mathbb{K} = \mathbb{R}$ resulta que $\langle \cdot, z \rangle$ y $\langle z, \cdot \rangle$ son aplicaciones lineales para cada $z \in H$. En cambio, en el caso $\mathbb{K} = \mathbb{C}$ resulta que $\langle \cdot, z \rangle$ es lineal pero $\langle z, \cdot \rangle$ es semilineal.

Muchas veces omitiremos la mención explícita al producto interior y nos limitaremos a decir que H es un espacio prehilbertiano.

El producto interior *usual* en $\mathbb{K}^n$ viene dado por

$$\langle x, y \rangle = \sum_{k=1}^{n} x_k y_k$$

28

cuando $\mathbb{K} = \mathbb{R}$ y por

$$\langle x, y \rangle = \sum_{k=1}^{n} x_k \overline{y_k}$$

cuando $\mathbb{K} = \mathbb{C}$.

Probaremos que a partir de un producto interior se puede definir una norma mediante la expresión

$$\|x\| = \langle x, x \rangle^{\frac{1}{2}}.$$

Es obvio que $\|\cdot\|$ cumple las propiedades (1) y (2) en la definición 1.1.1. Para poder deducir la desigualdad triangular necesitamos previamente el siguiente resultado.

Teorema 2.1.2 (Desigualdad de Cauchy-Schwarz). *Sea $(H, \langle \cdot, \cdot \rangle)$ un espacio prehilbertiano. Para cualesquiera $x, y \in H$ se cumple*

$$|\langle x, y \rangle| \leq \|x\| \cdot \|y\|.$$

Demostración. Para cada $\lambda \in \mathbb{K}$ tenemos

$$0 \leq \langle x + \lambda y, x + \lambda y \rangle = \|x\|^2 + \lambda \langle y, x \rangle + \overline{\lambda} \langle x, y \rangle + |\lambda|^2 \|y\|^2$$

$$= \|x\|^2 + 2 \operatorname{Re}\left(\overline{\lambda} \langle x, y \rangle\right) + |\lambda|^2 \|y\|^2.$$

Si $y \neq 0$ tomamos $\lambda = -\frac{\langle x, y \rangle}{\|y\|^2}$ en la desigualdad anterior y obtenemos

$$0 \leq \|x\|^2 - \frac{|\langle x, y \rangle|^2}{\|y\|^2}.$$

$\square$

Teorema 2.1.3. *Sea $(H, \langle \cdot, \cdot \rangle)$ un espacio prehilbertiano. Entonces $(H, \|\cdot\|)$ es un espacio normado.*

Demostración. Basta comprobar que $\|\cdot\|$ cumple la desigualdad triangular. Esto se sigue de las siguientes estimaciones.

$$\|x + y\|^2 = \langle x + y, x + y \rangle = \|x\|^2 + \|y\|^2 + \langle x, y \rangle + \langle y, x \rangle$$

$$= \|x\|^2 + \|y\|^2 + 2 \operatorname{Re}(\langle x, y \rangle)$$

$$\leq \|x\|^2 + \|y\|^2 + 2\|x\| \cdot \|y\| = (\|x\| + \|y\|)^2.$$

$\square$

A partir de ahora, salvo que se indique lo contrario, H será un espacio vectorial dotado de un producto escalar $\langle \cdot, \cdot \rangle$ y $\| \cdot \|$ será la norma definida por dicho producto interior.

Definición 2.1.4. *Un espacio de Hilbert es un espacio prehilbertiano* $(H, \langle \cdot, \cdot \rangle)$ *tal que el espacio normado* $(H, \| \cdot \|)$ *es completo.*

Ejemplo 2.1.5. ℓ^2 es un espacio de Hilbert. En efecto, sean $(x_n)_n$, $(y_n)_n$ dos elementos de ℓ^2. De la desigualdad

$$|x_n y_n| \leq \frac{1}{2}\left(|x_n|^2 + |y_n|^2\right)$$

concluimos que la expresión

$$\langle x, y \rangle = \sum_{n=1}^{\infty} x_n \overline{y_n}$$

define un producto interior cuya norma asociada es precisamente

$$\|x\|_2 = \left(\sum_{n=1}^{\infty} |x_n|^2\right)^{\frac{1}{2}}.$$

Además, por el ejemplo 1.1.14, $\left(\ell^2, \| \cdot \|_2\right)$ es un espacio de Banach. $\square$

Ejemplo 2.1.6. Si $\Omega \subset \mathbb{R}^n$ es un conjunto medible entonces $L^2(\Omega)$ es un espacio de Hilbert dotado con el producto interior

$$\langle \cdot, \cdot \rangle : L^2(\Omega) \times L^2(\Omega) \to \mathbb{K}, \ \langle f, g \rangle = \int_{\Omega} f(x)\overline{g(x)}\, dx.$$

En efecto, observamos que si $f, g \in L^2(\Omega)$ entonces $f\overline{g}$ es integrable Lebesgue en Ω porque

$$|f\overline{g}| \leq \frac{1}{2}\left(|f|^2 + |g|^2\right).$$

Entonces $\langle \cdot, \cdot \rangle$ cumple todas las propiedades de un producto interior. La norma asociada a dicho producto interior es precisamente $\| \cdot \|_2$ y ya sabemos que $\left(L^2(\Omega), \| \cdot \|_2\right)$ es un espacio de Banach. $\square$

Obsérvese que la desigualdad de Cauchy-Schwarz en $L^2(\Omega)$ coincide con la desigualdad de Hölder (teorema 1.4.1) en el caso $p = q = 2$.

Proposición 2.1.7. *Si* $(H, \langle \cdot, \cdot \rangle)$ *es un espacio prehilbertiano, la aplicación*

$$\langle \cdot, \cdot \rangle : H \times H \to \mathbb{K}$$

es continua.

Demostración. Sean $(x_n)_n, (y_n)_n \subset H$ dos sucesiones convergentes y denotemos

$$x_0 = \lim_n x_n, \quad y_0 = \lim_n y_n.$$

De la definición 2.1.1 se sigue

$$\langle x_n, y_n \rangle - \langle x_0, y_0 \rangle = \langle x_n - x_0, y_n \rangle + \langle x_0, y_n - y_0 \rangle$$

$$= \langle x_n - x_0, y_n - y_0 \rangle + \langle x_n - x_0, y_0 \rangle + \langle x_0, y_n - y_0 \rangle.$$

Por la desigualdad de Cauchy-Schwarz

$$|\langle x_n, y_n \rangle - \langle x_0, y_0 \rangle| \leq \|x_n - x_0\| \left(\|y_n - y_0\| + \|y_0\| \right) + \|x_0\| \|y_n - y_0\|.$$

Por último, de la continuidad de la norma deducimos que

$$\lim_n \langle x_n, y_n \rangle = \langle x_0, y_0 \rangle.$$

$\square$

En un espacio prehilbertiano la norma determina el producto interior.

Proposición 2.1.8 (Identidades de polarización). *Sean H un espacio prehilbertiano, $x, y \in H$.*

(a) En el caso $\mathbb{K} = \mathbb{R}$ tenemos

$$\langle x, y \rangle = \frac{1}{4} \left(\|x + y\|^2 - \|x - y\|^2 \right).$$

(b) En el caso $\mathbb{K} = \mathbb{C}$ tenemos

$$\langle x, y \rangle = \frac{1}{4} \left(\|x + y\|^2 - \|x - y\|^2 + i\|x + iy\|^2 - i\|x - iy\|^2 \right).$$

Demostración. Consideramos el caso $\mathbb{K} = \mathbb{C}$. Es sencillo comprobar que

$$\|x + y\|^2 - \|x - y\|^2 = 2 \left(\langle x, y \rangle + \langle y, x \rangle \right)$$

y, consecuentemente,

$$i \left(\|x + iy\|^2 - \|x - iy\|^2 \right) = 2 \left(\langle x, y \rangle - \langle y, x \rangle \right),$$

de donde se obtiene la conclusión. $\square$

Una isometría lineal entre dos espacios normados $(E, \|\cdot\|_E)$ y $(F, \|\cdot\|_F)$ es un operador lineal $T \in L(E, F)$ que conserva la norma: $\|Tx\|_F = \|x\|_E$. Toda isometría conserva distancias y es continua. Si además es sobreyectiva entonces es un homeomorfismo. Como consecuencia de las identidades de polarización, si E y F son espacios prehilbertianos y $\|\cdot\|_E, \|\cdot\|_F$ son las normas definidas en términos de los correspondientes productos interiores, toda isometría lineal $T : E \to F$ conserva productos interiores, esto es

$$\langle Tx, Ty \rangle_F = \langle x, y \rangle_E.$$

Es natural preguntarse si cualquier norma se puede obtener a partir de un producto interior. La respuesta es negativa, como vemos a continuación.

Proposición 2.1.9 (Identidad del paralelogramo). *Sea H un espacio prehilbertiano. Entonces*

$$\|x + y\|^2 + \|x - y\|^2 = 2 \left(\|x\|^2 + \|y\|^2 \right) \quad \forall x, y \in H.$$

Demostración.

$$\begin{aligned}
\|x + y\|^2 + \|x - y\|^2 &= \langle x + y, x + y \rangle + \langle x - y, x - y \rangle \\
&= 2 \left(\|x\|^2 + \|y\|^2 \right).
\end{aligned}$$

$\square$

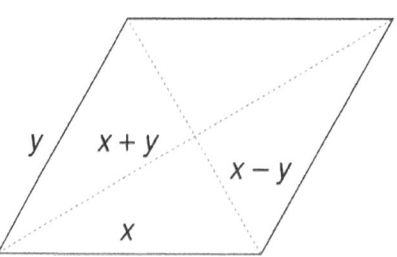

Figura 2.1: Identidad del paralelogramo

La identidad de la proposición 2.1.9 nos dice que los subespacios de dimensión 2 de un espacio prehilbertiano se comportan como el plano euclídeo. Se puede demostrar, aunque no lo haremos, que la identidad del paralelogramo caracteriza las normas que provienen de un producto interior.

Ejemplo 2.1.10. La norma $\|\cdot\|_\infty$ en $C[0,1]$ no se obtiene de un producto interior. En efecto, si consideramos las funciones

$$f(x) = \begin{cases} 1-2x, & 0 \le x \le \frac{1}{2} \\ 0, & \frac{1}{2} \le x \le 1 \end{cases} \quad ; \quad g(x) = \begin{cases} 0, & 0 \le x \le \frac{1}{2} \\ 2x-1, & \frac{1}{2} \le x \le 1 \end{cases}$$

entonces

$$\|f+g\|_\infty = \|f-g\|_\infty = \|f\|_\infty = \|g\|_\infty = 1.$$

Por tanto

$$\|f+g\|_\infty^2 + \|f-g\|_\infty^2 \ne 2\left(\|f\|_\infty^2 + \|g\|_\infty^2\right). \quad \square$$

2.2. Distancia mínima a un convexo cerrado

Es conocido que si $A \ne \emptyset$ es un subconjunto cerrado de $\mathbb{R}^n$ y $x_0 \notin A$ entonces existe un punto $y \in A$ (no necesariamente único) tal que

$$d(x_0, A) := \inf\{d(x_0, x) : x \in A\} = d(x_0, y).$$

En efecto, existe una sucesión $(y_n)_n \subset A$ tal que $d(x_0, A) = \lim_n d(x_0, y_n)$. La sucesión $(y_n)_n$ está acotada y, por tanto, admite una subsucesión convergente a un punto $y \in A$ que cumple $d(x_0, A) = d(x_0, y)$. Este razonamiento no es válido en espacios de Hilbert de dimensión infinita ya que no toda sucesión acotada admite una subsucesión convergente (véase el ejemplo 1.3.7).

Ejemplo 2.2.1. En ℓ^2 consideramos la sucesión $x_n = (1+\frac{1}{n})e_n$, $n \in \mathbb{N}$, siendo $e_n = (\delta_{j,n})_j$. Entonces $A = \{x_n : n \in \mathbb{N}\}$ es un conjunto cerrado porque $d(x_n, x_m) \ge 2$ siempre que $n \ne m$. Tomamos $x_0 = 0$. Entonces

$$d(x_0, A) = \inf_n \|x_n\| = 1 \ne d(x_0, x_n) \ \forall n \in \mathbb{N}. \quad \square$$

Dado un espacio de Hilbert H, se dice que $A \subset H$ es convexo si para cualesquiera $x, y \in A$ el segmento de extremos x e y está contenido en A, es decir,

$$tx + (1-t)y \in A \ \ \forall x, y \in A, \ \ \forall 0 < t < 1.$$

La completitud juega un papel esencial en la demostración del siguiente resultado.

Teorema 2.2.2 (Aproximación óptima). *Sean H un espacio de Hilbert y $A \ne \emptyset$ un subconjunto convexo y cerrado de H. Para cada $x \in H$ existe un único punto $y \in A$ tal que*

$$d(x, A) = \|x-y\|.$$

Demostración. Supongamos que $x \notin A$ (de lo contrario $d(x,A) = 0$, $y = x$). Por ser A cerrado se cumple que $\delta := d(x,A) > 0$. Además, existe una sucesión de vectores $(y_n)_n \subset A$ tal que

$$\lim_n \|x - y_n\| = \delta.$$

Comprobaremos que $(y_n)_n$ es una sucesión de Cauchy. Para ello aplicamos la identidad del paralelogramo

$$2 \left(\|u\|^2 + \|v\|^2\right) = \|u + v\|^2 + \|u - v\|^2 \qquad (2.2.1)$$

a los vectores $u = x - y_n, v = x - y_m$ y obtenemos

$$2 \left(\|x - y_n\|^2 + \|x - y_m\|^2\right) = \|y_n - y_m\|^2 + 4\|x - \frac{y_n + y_m}{2}\|^2.$$

Por ser A convexo tenemos que $\frac{y_n + y_m}{2} \in A$ y por tanto $\|x - \frac{y_n + y_m}{2}\| \geq \delta$. Entonces

$$\|y_n - y_m\|^2 \leq 2 \left(\|x - y_n\|^2 + \|x - y_m\|^2\right) - 4\delta^2.$$

Como el término de la derecha en la desigualdad anterior tiende a cero cuando $n, m \to \infty$ concluimos que $(y_n)_n \subset A$ es una sucesión de Cauchy. Por ser H completo y A cerrado en H obtenemos que existe

$$y = \lim_n y_n \in A.$$

De la continuidad de la norma se concluye que $\|x - y\| = \lim_n \|x - y_n\| = \delta$.

Para terminar la prueba suponemos que $z \in A$ también cumple que $\|x - z\| = \delta$ y vemos que $z = y$. En efecto, la identidad (2.2.1) aplicada a $u = x - y, v = x - z$ implica

$$4\delta^2 = \|y - z\|^2 + 4\|x - \frac{y + z}{2}\|^2 \geq \|y - z\|^2 + 4\delta^2,$$

de donde $\|y - z\| = 0$, es decir, $z = y$. $\qquad \square$

Definición 2.2.3. *El punto $y \in A$ del teorema 2.2.2 se llama aproximación óptima o proyección óptima de x en A. Lo denotaremos $y = P_A x$.*

Teorema 2.2.4. *Sean H un espacio de Hilbert real y $A \neq \emptyset$ un subconjunto convexo y cerrado de H. Para cada $x \in H$, el punto $y = P_A x$ está caracterizado por las siguientes dos propiedades:*

$$\begin{cases} y \in A. & (1) \\[2mm] \langle x - y, z - y \rangle \leq 0 \ \ \forall z \in A. & (2) \end{cases}$$

Demostración. Veamos primero que $y := P_A x \in A$ satisface la condición (2). Fijado $z \in A$ se cumple que

$$(1-t)y + tz \in A$$

para cada $t \in [0,1]$. Por tanto, para cada $t \in (0,1]$ se tiene

$$\|x - y\| \leq \|x - ((1-t)y + tz))\|$$

$$= \|(x - y) - t(z - y)\|.$$

Por tanto

$$\|x - y\|^2 \leq \|x - y\|^2 + t^2 \|z - y\|^2 - 2t\langle x - y, z - y \rangle,$$

lo que implica

$$2\langle x - y, z - y \rangle \leq t\|z - y\|^2.$$

Tomando límites cuando $t \to 0$ se obtiene (2).

Supongamos ahora que $y \in A$ satisface la condición (2). Entonces, para cada $z \in A$ se tiene

$$\|x - z\|^2 = \|(x - y) + (y - z)\|^2 = \|x - y\|^2 + \|y - z\|^2 + 2\langle x - y, y - z \rangle$$

$$\geq \|x - y\|^2,$$

ya que $\langle x - y, y - z \rangle \geq 0$. Esto prueba que $\|x - z\| \geq \|x - y\|$ para todo $z \in A$ y por tanto $y = P_A x$. $\qquad\square$

En $H = \mathbb{R}^3$ la condición (2) del teorema 2.2.4 significa que los segmentos $[y, x]$, $[y, z]$ forman un ángulo entre $\frac{\pi}{2}$ y π.

2.3. Proyección ortogonal

Ahora consideramos la distancia mínima a un subespacio vectorial cerrado. Para ello necesitamos analizar el complemento ortogonal de un conjunto.

Si $A \subset H$ denotaremos por $\mathrm{Lin}(A)$ el subespacio vectorial generado por A, también conocido como envoltura lineal de A.

Definición 2.3.1. *Sea H un espacio prehilbertiano. Dos vectores $x, y \in H$ se dice que son ortogonales, y se denota $x \perp y$, si $\langle x, y \rangle = 0$. El complemento ortogonal de un subconjunto $A \subset H$ es*

$$A^{\perp} = \{x \in H : \langle x, a \rangle = 0 \ \forall a \in A\}.$$

Proposición 2.3.2. *Sean H un espacio prehilbertiano y $A \subset H$. Entonces*

(a) $A^\perp$ es un subespacio vectorial cerrado de H.

(b) $A \subset B \Rightarrow B^\perp \subset A^\perp$.

(c) $A^\perp = Lin(A)^\perp$.

(d) $A^\perp = \overline{A}^\perp$.

Demostración. Las propiedades (b) y (c) son obvias.

(a) Como toda $\varphi_a = \langle \cdot, a \rangle : H \to \mathbb{K}$ es una forma lineal continua y

$$A^\perp = \bigcap_{a \in A} \varphi_a^{-1}(\{0\})$$

obtenemos que $A^\perp$ es un subespacio vectorial cerrado de H.

(d) Es claro que $\overline{A}^\perp \subset A^\perp$. Supongamos ahora que $x \in A^\perp$ y sea $b \in \overline{A}$. Existe una sucesión $(a_n)_n \subset A$ tal que $b = \lim_n a_n$. De la continuidad del producto interior obtenemos

$$\langle x, b \rangle = \lim_n \langle x, a_n \rangle = 0,$$

lo que prueba que $x \in \overline{A}^\perp$. $\qquad\qquad\square$

Teorema 2.3.3 (Pitágoras)**.** *Si $x_1, \ldots, x_n \in H$ son ortogonales dos a dos en el espacio prehilbertiano H entonces*

$$\|x_1\|^2 + \ldots + \|x_n\|^2 = \|x_1 + \ldots + x_n\|^2.$$

Si además todos los vectores son no nulos entonces $x_1, \ldots, x_n$ son linealmente independientes.

Demostración. La identidad se comprueba por inducción sobre n. Además, si $\sum_{j=1}^{n} \alpha_j x_j = 0$ es una combinación lineal nula de los vectores entonces, para cada $1 \leq k \leq n$,

$$\alpha_k \langle x_k, x_k \rangle = \langle \sum_{j=1}^{n} \alpha_j x_j, x_k \rangle = 0,$$

de donde $\alpha_k = 0$. $\qquad\qquad\square$

Teorema 2.3.4. *Sea F un subespacio cerrado del espacio de Hilbert H. Entonces*

$$H = F \oplus F^{\perp}.$$

Además, para todo $x \in H$ se tiene $x = y + z$ siendo $y = P_F x$, $z = P_{F^{\perp}} x$, las aproximaciones óptimas de x en F y en $F^{\perp}$ respectivamente.

Demostración. Veamos primero que $H = F \oplus F^{\perp}$. Es obvio que $F \cap F^{\perp} = \{0\}$. Dado $x \in H$ tomamos $y = P_F x \in F$. Probaremos que $z := x - y$ es ortogonal a F. Para cada $u \in F$ elegimos $\lambda \in \mathbb{K}$ tal que

$$\lambda \langle u, z \rangle = |\langle u, z \rangle|$$

y consideramos $v = \lambda u$. Entonces $\langle v, z \rangle = |\langle u, z \rangle|$ es un número real. Observamos que, para cada $t \in \mathbb{R}$, $y + tv \in F$ y la función

$$f(t) = \|x - (y + tv)\|^2 = \|z - tv\|^2 = \|z\|^2 - 2t\langle v, z \rangle + t^2 \|v\|^2$$

tiene el mínimo en $t = 0$, por lo que $0 = f'(0) = -2\langle v, z \rangle$. Por tanto $\langle u, z \rangle = 0$ y, al ser $u \in F$ arbitrario, queda probado que $z \in F^{\perp}$.

Veamos ahora que el elemento $z \in F^{\perp}$ en la descomposición de $x = y + z$ es la aproximación óptima de x en $F^{\perp}$. Para ello observamos que para todo $w \in F^{\perp}$ se tiene $\langle z - w, x - z \rangle = \langle z - w, y \rangle = 0$, luego podemos aplicar el teorema de Pitágoras para obtener

$$\|x - w\|^2 = \|z - w\|^2 + \|x - z\|^2 \geq \|x - z\|^2.$$

$\square$

Del hecho de que todo vector de H se descompone de forma única como suma de un vector en F y un vector en $F^{\perp}$ se sigue el siguiente resultado.

Corolario 2.3.5. *Sea F un subespacio cerrado del espacio de Hilbert H. Dados $y \in F$, $z \in F^{\perp}$, la distancia de $x = y + z$ al subespacio F viene dada por*

$$d(x, F) = \|z\|.$$

Demostración. Por ser $y = P_F x$ tenemos $d(x, A) = \|x - y\| = \|z\|$. $\square$

Definición 2.3.6. *Sea F un subespacio cerrado del espacio de Hilbert H. La aplicación*

$$P_F : H \to H, \; x \mapsto P_F x,$$

se conoce como proyección ortogonal de H sobre el subespacio cerrado F.

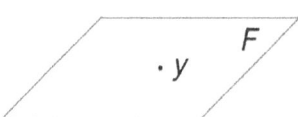

$\cdot x$

Figura 2.2: Proyección ortogonal

Proposición 2.3.7. *Sea F un subespacio cerrado del espacio de Hilbert H. La aplicación P_F es lineal y continua, y tiene las siguientes propiedades:*

(1) $\|P_F x\| \leq \|x\| \ \forall x \in H$.

(2) $\langle P_F x_1, x_2 \rangle = \langle x_1, P_F x_2 \rangle \ \forall x_1, x_2 \in H$.

(3) $P_F^2 = P_F$.

(4) $P_F^{-1}(\{0\}) = F^{\perp}$.

Demostración. Veamos primero que P_F es lineal. Para ello sean $x_j = y_j + z_j$ con $y_j \in F$, $z_j \in F^{\perp}$ $(j = 1, 2)$. Para cada $a, b \in \mathbb{K}$ tenemos

$$ax_1 + bx_2 = (ay_1 + by_2) + (az_1 + bz_2), \ ay_1 + by_2 \in F, \ az_1 + bz_2 \in F^{\perp}.$$

Por tanto

$$P_F(ax_1 + bx_2) = ay_1 + by_2 = aP_F x_1 + bP_F x_2,$$

lo que prueba que P_F es lineal. También

(1) $\|x\|^2 = \|P_F x\|^2 + \|x - P_F x\|^2$. Por tanto $\|P_F x\| \leq \|x\|$. En particular P_F es continua.

(2) $\langle P_F x_1, x_2 \rangle = \langle y_1, y_2 + z_2 \rangle = \langle y_1, y_2 \rangle = \langle y_1 + z_1, y_2 \rangle = \langle x_1, P_F x_2 \rangle$.

(3) $P_F(P_F x) = P_F x$ ya que $P_F x \in F$.

(4) Sea $x = y + z$ con $y \in F, z \in F^{\perp}$. Entonces $y = P_F x = 0$ si y solo si $x = z$. $\quad \square$

Por la propiedad (2), P_F es un operador autoadjunto (definición 2.5.3).

Proposición 2.3.8. *Sea F un subespacio vectorial del espacio de Hilbert H. Entonces*

$$\left(F^{\perp}\right)^{\perp} = \overline{F}.$$

Demostración. Sea $G = \overline{F}$. Por la proposición 2.3.2 (d), se tiene $\left(F^\perp\right)^\perp = \left(G^\perp\right)^\perp$. Queremos probar que $\left(G^\perp\right)^\perp = G$. Claramente $G \subset \left(G^\perp\right)^\perp$. Dado $x \in \left(G^\perp\right)^\perp$ tenemos que $x - P_G(x) \in \left(G^\perp\right)^\perp$, pero por el teorema 2.3.4, $x - P_G(x) \in G^\perp$. Como $\left(G^\perp\right)^\perp \cap G^\perp = \{0\}$, concluimos que $x = P_G(x) \in G$.

$\qquad \square$

Ejemplo 2.3.9. Sea F el subespacio de $L^2(0,1)$ formado por las restricciones a $(0,1)$ de los polinomios de grado menor que 2. F es cerrado pues es de dimensión finita. Si $g \in L^2(0,1)$ viene dada por $g(t) = e^t$, calculemos $P_F(g) = h$, $h(t) = b_0 + b_1 t$. Como $g - P_F(g) \in F^\perp$, se tiene que

$$0 = \int_0^1 \left(e^t - b_0 - b_1 t\right) dt = e - 1 - b_0 - \frac{b_1}{2}$$

y

$$0 = \int_0^1 (e^t - b_0 - b_1 t)t \, dt = 1 - \frac{b_0}{2} - \frac{b_1}{3},$$

de donde deducimos $b_0 = 4e - 10$ y $b_1 = 18 - 6e$. $\square$

Combinando las proposiciones 2.3.8 y 2.3.2 obtenemos la siguiente consecuencia.

Corolario 2.3.10. *Sea $A \subset H$ un subconjunto del espacio de Hilbert H. Entonces*

$$A^{\perp\perp} = \overline{Lin(A)}.$$

Corolario 2.3.11. *Sea F un subespacio vectorial del espacio de Hilbert H. Son equivalentes:*

(1) F es denso en H.

(2) $F^\perp = \{0\}$.

Demostración. $(1) \Rightarrow (2)$. $F^\perp = \overline{F}^\perp = H^\perp = \{0\}$.

$(2) \Rightarrow (1)$. $\overline{F} = \left(F^\perp\right)^\perp = \{0\}^\perp = H$. $\qquad \square$

El corolario 2.3.11 jugará un papel crucial en la demostración de los teoremas 3.1.5 y 5.3.11.

2.4. Teorema de Riesz-Fréchet

Sabemos que si H es un espacio prehilbertiano y $a \in H$ entonces $\langle \cdot, a \rangle : H \to \mathbb{K}$ es una forma lineal y continua. Riesz y Fréchet probaron en 1907, de forma independiente, que todas las formas lineales y continuas sobre un espacio de Hilbert son de este tipo. La ortogonalidad es esencial en la demostración del teorema.

Teorema 2.4.1 (de representación de Riesz-Fréchet). *Sea H un espacio de Hilbert y $\varphi : H \to \mathbb{K}$ una forma lineal y continua. Existe un único $y \in H$ tal que*

$$\varphi(x) = \langle x, y \rangle$$

para todo $x \in H$. Además, $\|\varphi\| = \|y\|$.

Demostración. Sea $F = \varphi^{-1}(\{0\})$ el núcleo de φ, que es un subespacio cerrado de H. Supondremos que $\varphi \neq 0$ y por tanto $F \neq H$, lo que implica $F^\perp \neq \{0\}$. Ahora elegimos un elemento $z \in F^\perp$ con $\|z\| = 1$. Para cada $x \in H$ tenemos que $\varphi(z)x - \varphi(x)z \in F$ ya que $\varphi\big(\varphi(z)x - \varphi(x)z\big) = 0$. Por tanto

$$\langle \varphi(z)x - \varphi(x)z, \, z \rangle = 0,$$

luego $\varphi(z)\langle x, z \rangle = \varphi(x)$. Finalmente, $y := \overline{\varphi(z)}z$ cumple que

$$\varphi(x) = \langle x, y \rangle \quad \forall x \in H.$$

La unicidad de y es consecuencia de que si $\langle x, y_1 \rangle = \langle x, y_2 \rangle$ para todo $x \in H$ entonces

$$y_1 - y_2 \in H^\perp = \{0\}.$$

Además,

$$\|\varphi\| = \sup_{\|x\|=1} |\langle x, y \rangle|.$$

De la desigualdad de Cauchy-Schwarz deducimos $\|\varphi\| \leq \|y\|$. Por otra parte

$$\|\varphi\| \geq \varphi\left(\frac{y}{\|y\|}\right) = \|y\|.$$

Por tanto $\|\varphi\| = \|y\|$. $\qquad\qquad\qquad\qquad\qquad\qquad\qquad\qquad\qquad\quad\square$

El teorema anterior significa que la aplicación

$$H \to H^*, \ y \mapsto \langle \cdot, y \rangle,$$

es una biyección que conserva la norma. Si $\mathbb{K} = \mathbb{R}$ obtenemos un isomorfismo de espacios normados.

Ejemplo 2.4.2. Si $\varphi : L^2(\Omega) \to \mathbb{C}$ es una forma lineal y continua entonces existe $g \in L^2(\Omega)$ tal que

$$\varphi(f) = \int_\Omega f\overline{g}.$$

Ejemplo 2.4.3. Sea F el conjunto de las restricciones a $[0, 1]$ de los polinomios de grado menor o igual que 1 con coeficientes reales dotado con el producto escalar

$$\langle p, q \rangle = \int_0^1 p(t)q(t)\,dt.$$

$(F, \langle \cdot, \cdot \rangle)$ es un espacio de Hilbert. Consideremos

$$\varphi : F \to \mathbb{R}, \; \varphi(p) = \int_0^1 p(t)e^t\,dt.$$

Entonces φ es lineal y continua (automáticamente, ya que F tiene dimensión finita). De acuerdo con el teorema de representación de Riesz-Fréchet existe un único polinomio q de grado menor o igual que 1 tal que

$$\int_0^1 p(t)e^t\,dt = \int_0^1 p(t)q(t)\,dt$$

para todo $p \in F$.

Veamos cómo encontrar q :

F es un subespacio cerrado de $L^2(0, 1)$ y $g(t) = e^t \in L^2(0, 1)$. Como la diferencia $g - P_F(g)$ pertenece a $F^\perp$, se tiene

$$\varphi(p) = \langle p, g \rangle = \langle p, P_F(g) \rangle \; \forall\, p \in F,$$

de modo que $q = P_F(g)$. De acuerdo con el ejemplo 2.3.9,

$$q(t) = 4e - 10 + (18 - 6e)t. \quad \square$$

2.5. Adjunto de un operador

Empezamos calculando la norma de un operador entre dos espacios de Hilbert en términos del producto escalar.

Lema 2.5.1. *Sean H_1 y H_2 espacios de Hilbert y $T \in L(H_1, H_2)$. Entonces*

$$\begin{aligned} \|T\| &= \sup\{|\langle Tx, y \rangle| : \|x\| \leq 1, \|y\| \leq 1\} \\ &= \sup\{|\langle Tx, y \rangle| : \|x\| = \|y\| = 1\}. \end{aligned}$$

41

Demostración. De (1.5.2) y la desigualdad de Cauchy-Schwarz tenemos

$$|\langle Tx, y\rangle| \leq \|Tx\| \cdot \|x\| \leq \|T\| \cdot \|x\| \cdot \|y\|$$

para cualesquiera $x \in H_1, y \in H_2$. Por tanto

$$\sup\{|\langle Tx, y\rangle| : \|x\| \leq 1, \|y\| \leq 1\} \leq \|T\|.$$

Ahora, fijado $\varepsilon > 0$ encontramos $x \in H_1$ tal que $\|x\| = 1$ y $\|Tx\| \geq \|T\| - \frac{\varepsilon}{2}$ (proposición 1.5.2). Como

$$\|Tx\| = \sup_{\|y\|=1} |\langle Tx, y\rangle|,$$

existirá $y \in H_2$ tal que $\|y\| = 1$ y $|\langle Tx, y\rangle| \geq \|Tx\| - \frac{\varepsilon}{2} \geq \|T\| - \varepsilon$, lo que demuestra que

$$\sup\{|\langle Tx, y\rangle| : \|x\| = \|y\| = 1\} \geq \|T\|.$$

$\square$

Proposición 2.5.2. *Sea $T : H_1 \to H_2$ un operador acotado entre dos espacios de Hilbert. Existe un único $T^* \in L(H_2, H_1)$ tal que*

$$\langle Tx, y\rangle = \langle x, T^*y\rangle \quad \forall x \in H_1 \ \ \forall y \in H_2.$$

Además, $\|T^*\| = \|T\|$, $\|T^*T\| = \|TT^*\| = \|T\|^2$, $T^{**} = T$.

Demostración. Fijamos $y \in H_2$ y consideramos la forma lineal $\psi_y : H_1 \to \mathbb{K}$ definida por $\psi_y(x) = \langle Tx, y\rangle$. La aplicación lineal ψ_y es continua porque de (1.5.2) y la desigualdad de Cauchy-Schwarz se sigue

$$|\psi_y(x)| \leq \|y\| \cdot \|T\| \cdot \|x\|.$$

Por el teorema 2.4.1 de Riesz-Fréchet, existe un único elemento $T^*y \in H_1$ tal que

$$\psi_y(x) = \langle x, T^*y\rangle \ \ \forall x \in H_1.$$

De este modo queda definida una aplicación $T^* : H_2 \to H_1$. La linealidad de T^* es consecuencia de

$$\langle x, T^*(ay_1 + by_2)\rangle = \langle Tx, ay_1 + by_2\rangle = \overline{a}\langle Tx, y_1\rangle + \overline{b}\langle Tx, y_2\rangle$$

$$= \overline{a}\langle x, T^*y_1\rangle + \overline{b}\langle x, T^*y_2\rangle = \langle x, aT^*y_1 + bT^*y_2\rangle.$$

Por otra parte, aplicando el lema 2.5.1,

$$\|T\| = \sup\{|\langle Tx, y\rangle| : \|x\| \leq 1, \|y\| \leq 1\}$$

$$= \sup\{|\langle x, T^*y\rangle| : \|x\| \leq 1, \|y\| \leq 1\} = \sup_{\|y\|\leq 1} \|T^*y\|,$$

lo que prueba que T^* es un operador acotado y $\|T^*\| = \|T\|$. Por la proposición 1.5.3 tenemos $\|T^*T\| \leq \|T^*\|\|T\| = \|T\|^2$. Además,

$$
\begin{aligned}
\|T^*T\| &= \sup\{|\langle T^*Tx,y\rangle| : \|x\| \leq 1, \|y\| \leq 1\} \\
&= \sup\{|\langle Tx, Ty\rangle| : \|x\| \leq 1, \|y\| \leq 1\} \\
&\geq \sup\{|\langle Tx, Tx\rangle| : \|x\| \leq 1\} \\
&= \sup\{\|Tx\|^2 : \|x\| \leq 1\} = \|T\|^2.
\end{aligned}
$$

Por último, para cada $x \in H_1, y \in H_2$ se tiene

$$
\langle Tx,y\rangle = \langle x, T^*y\rangle = \overline{\langle T^*y, x\rangle} = \overline{\langle y, T^{**}x\rangle} = \langle T^{**}x, y\rangle.
$$

$\square$

Definición 2.5.3. *Dados dos espacios de Hilbert H_1 y H_2, el operador adjunto de $T \in L(H_1, H_2)$ es el operador $T^* \in L(H_2, H_1)$ de la proposición 2.5.2. Si $H_1 = H_2$ y $T = T^*$ diremos que T es autoadjunto.*

Ejemplo 2.5.4. Sea $T \in L(\mathbb{C}^n, \mathbb{C}^m)$ con matriz asociada $A = (a_{ij})$. Entonces la matriz asociada al operador adjunto $T^* \in L(\mathbb{C}^m, \mathbb{C}^n)$ es $B = (b_{ij})$, dada por $b_{ij} = \overline{a_{ji}}$.

En efecto,

$$
b_{ij} = \langle T^*e_j, e_i\rangle = \overline{\langle e_i, T^*e_j\rangle} = \overline{\langle Te_i, e_j\rangle} = \overline{a_{ji}}. \quad \square
$$

Ejemplo 2.5.5. Para cada $a \in \mathbb{R}^n$, el adjunto del operador de traslación

$$
T_a : L^2(\mathbb{R}^n) \to L^2(\mathbb{R}^n)
$$

definido por $(T_a f)(x) = f(x - a)$ viene dado por $(T_a^* f)(x) = f(x + a)$.

En efecto, para cada $f, g \in L^2(\mathbb{R}^n)$ se cumple

$$
\langle T_a^* f, g\rangle = \langle f, T_a g\rangle = \int_{\mathbb{R}^n} f(x)\overline{g(x-a)}\,dx = \int_{\mathbb{R}^n} f(x+a)\overline{g(x)}\,dx. \quad \square
$$

Ejemplo 2.5.6. Si $k \in C([a,b] \times [a,b])$ entonces la fórmula

$$
(Tf)(x) = \int_a^b f(y)k(x,y)\,dy
$$

define un operador acotado $T : L^2(a,b) \to L^2(a,b)$.

Observemos que la integral que define Tf es convergente ya que para cada $x \in [a,b]$, la función $y \mapsto k(x,y)$ es continua en $[a,b]$ luego pertenece a $L^2(a,b)$ y podemos aplicar la desigualdad de Cauchy-Schwarz para concluir la convergencia de la integral. Además, dado $\varepsilon > 0$, por la continuidad uniforme de k en $[a,b] \times [a,b]$, encontramos $\delta > 0$ tal que, para cada $(x,y), (x',y') \in [a,b] \times [a,b]$,

$$\|(x,y) - (x',y')\| < \delta \implies \left|k(x,y) - k(x',y')\right| < \frac{\varepsilon}{1 + \|f\|_1}$$

(aquí estamos usando que $L^2(a,b) \subset L^1(a,b)$ por la proposición 1.4.7). Ahora, si $x, x' \in [a,b]$ y $|x - x'| < \delta$, entonces $\|(x,y) - (x',y)\| < \delta$ para todo $y \in [a,b]$, luego

$$\left|(Tf)(x) - (Tf)(x')\right| \leq \int_a^b |f(y)| |k(x,y) - k(x',y)| \, dy$$

$$\leq \frac{\varepsilon}{1 + \|f\|_1} \int_a^b |f(y)| \, dy < \varepsilon.$$

En consecuencia $Tf \in C[a,b] \subset L^2(a,b)$ y

$$T : L^2(a,b) \to L^2(a,b)$$

es un operador lineal bien definido. También, para todo $x \in [a,b]$, por la desigualdad de Cauchy-Schwarz,

$$\left|\int_a^b k(x,y) f(y) \, dy\right| \leq \left(\int_a^b |f(y)|^2 \, dy\right)^{1/2} \left(\int_a^b |k(x,y)|^2 \, dy\right)^{1/2},$$

por tanto

$$\|Tf\|_2^2 = \int_a^b \left|\int_a^b f(y) k(x,y) \, dy\right|^2 dx \leq \|f\|_2^2 \iint_{[a,b] \times [a,b]} |k(x,y)|^2 \, d(x,y),$$

lo que demuestra que T es un operador acotado. El operador T se conoce como *operador integral con núcleo k*.

Calculemos T^*:

$$\langle T^* f, g \rangle = \langle f, Tg \rangle = \int_a^b f(x) \left(\overline{\int_a^b k(x,y) g(y) \, dy}\right) dx$$

$$= \int_a^b f(x) \left(\int_a^b \overline{k(x,y) g(y)} \, dy\right) dx.$$

Puesto que la función $H(x,y) = f(x)\overline{k(x,y)g(y)}$ es medible y existe la integral iterada

$$\int_a^b |f(x)| \left(\int_a^b \overline{|k(x,y)g(y)|}\, dy \right) dx,$$

se sigue del teorema de Tonelli-Hobson que H es integrable en $(a,b) \times (a,b)$ y, por el teorema de Fubini,

$$\langle T^*f, g \rangle = \int_a^b f(x) \left(\int_a^b \overline{k(x,y)g(y)}\, dy \right) dx$$

$$= \int_a^b \overline{g(y)} \left(\int_a^b f(x)\overline{k(x,y)}\, dx \right) dy = \langle Sf, g \rangle,$$

siendo

$$(Sf)(y) = \int_a^b f(x)\overline{k(x,y)}\, dx.$$

Es decir, $T^* = S$ es el operador integral con núcleo $\lambda(y,x) = \overline{k(x,y)}$. Si $k(x,y) = \overline{k(y,x)}$ entonces T es autoadjunto. $\square$

2.6. Los teoremas de Lax-Milgram y de Stampacchia

En esta sección H será un espacio de Hilbert real. Por simplicidad presentaremos los teoremas solo para formas bilineales simétricas. Para la versión general del teorema de Lax-Milgram véase por ejemplo [3, teorema 1.6.5].

Definición 2.6.1. *Una forma bilineal $B : H \times H \to \mathbb{R}$ se dice que es*

(a) *continua si existe una constante $C > 0$ tal que $|B(x,y)| \leq C\|x\| \cdot \|y\|$ para cualesquiera $x, y \in H$.*

(b) *coerciva si existe una constante $\alpha > 0$ tal que $B(x,x) \geq \alpha\|x\|^2$ para todo $x \in H$.*

Teorema 2.6.2 (Lax-Milgram). *Sea $B : H \times H \to \mathbb{R}$ una forma bilineal continua, simétrica y coerciva. Para cada $\varphi \in H^*$ existe un único $g \in H$ tal que*

$$\varphi(z) = B(g,z)$$

para todo $z \in H$.

45

Demostración. Por ser B coerciva y simétrica resulta que B es un producto interior y (H,B) es un espacio prehilbertiano. Si denotamos por

$$|x| := B(x,x)^{\frac{1}{2}}$$

la norma asociada al producto interior B, resulta que

$$\alpha \|x\|^2 \leq |x|^2 \leq C\|x\|^2.$$

Es decir, las dos normas $\|\cdot\|$ y $|\cdot|$ son equivalentes, lo que significa que la aplicación identidad es un isomorfismo entre los espacios normados $(H, \|\cdot\|)$ y $(H, |\cdot|)$. En particular $(H, |\cdot|)$ es completo, es decir, (H,B) es un espacio de Hilbert, y además

$$\varphi : (H,B) \to \mathbb{R}$$

es una forma lineal y continua. Por el teorema de representación de Riesz-Fréchet, existe un único $g \in H$ tal que

$$\varphi(z) = B(g,z) \quad \forall z \in H.$$

$\square$

El siguiente resultado prueba que ciertos polinomios de segundo grado en un espacio de Hilbert alcanzan su mínimo en cualquier conjunto convexo y cerrado.

Teorema 2.6.3 (Stampacchia). *Sea $B : H \times H \to \mathbb{R}$ una forma bilineal simétrica, continua y coerciva y sea A un conjunto convexo, cerrado y no vacío. Entonces para cada $\varphi \in H^*$ existe un único $y \in A$ tal que*

$$\frac{1}{2}B(y,y) - \varphi(y) = \min_{z \in A} \left(\frac{1}{2}B(z,z) - \varphi(z) \right).$$

Demostración. Por el teorema de Lax-Milgram existe $g \in H$ tal que

$$\varphi(z) = B(g,z) \quad \forall z \in H.$$

Según vimos en la prueba del teorema 2.6.2, si $|\cdot|$ es la norma asociada al producto interior B resulta que $(H, \|\cdot\|)$ y $(H, |\cdot|)$ son isomorfos como espacios normados. En particular, el conjunto convexo A también es cerrado en el espacio de Hilbert (H,B). Denotamos por $y := Q_A(g)$ la aproximación óptima de g en el conjunto A respecto del espacio de Hilbert (H,B) (teorema 2.2.2). Entonces

$$B(g-y,g-y) \leq B(g-z,g-z) \quad \forall z \in A.$$

Esto quiere decir que $y \in A$ minimiza

$$\frac{1}{2}B(z,z) - B(g,z) = \frac{1}{2}B(z,z) - \varphi(z).$$

$\square$

Tomando $A = H$ concluimos que el elemento $g \in H$ que cumple $\varphi(z) = B(g,z)$ para todo $z \in H$ se obtiene minimizando el funcional (cuadrático)

$$F : H \to \mathbb{R}, \ F(z) = \frac{1}{2}B(z,z) - \varphi(z).$$

Ejemplo 2.6.4 (Una aplicación). Dado un conjunto abierto y acotado $\Omega \subset \mathbb{R}^n$, nos planteamos encontrar una función $u : \overline{\Omega} \to \mathbb{R}$ continua, que sea de clase C^2 en Ω y que cumpla $u = 0$ en la frontera de Ω y $-\Delta u + u = f$ en Ω, siendo f una función continua dada en Ω y donde Δu representa el Laplaciano de u.

Observamos que si v es una función de clase C^1 y que se anule fuera de un conjunto compacto $K \subset \Omega$ (denotado $v \in C_c^1(\Omega)$) entonces, mediante integración por partes,

$$-\int_\Omega \Delta u \cdot v = \int_\Omega \nabla u \cdot \nabla v$$

y la solución de nuestra ecuación (en caso de que exista) debe satisfacer

$$\int_\Omega \nabla u \cdot \nabla v + \int_\Omega uv = \int_\Omega fv \ \ \forall v \in C_c^1(\Omega). \tag{2.6.2}$$

Se considera un espacio de Hilbert (que no haremos explícito por exceder los objetivos del curso) que contiene a $C_c^1(\Omega)$ como subespacio denso y en dicho espacio de Hilbert se consideran una forma bilineal y una forma lineal y continua de modo que

$$B(u,v) = \int_\Omega \nabla u \cdot \nabla v + \int_\Omega uv, \ \ \varphi(v) = \int_\Omega fv, \ \ u,v \in C_c^1(\Omega).$$

Los teoremas anteriores permiten encontrar la *función u* de modo que $B(u,v) = \varphi(v)$ para todo $v \in C_c^1(\Omega)$ minimizando un funcional no lineal, esto es, resolviendo un problema de cálculo de variaciones. La *función u* obtenida se conoce como solución débil del problema de Dirichlet y se puede probar que es una solución en el sentido clásico cuando la frontera de Ω cumple ciertas propiedades de regularidad. Para más detalles puede consultarse por ejemplo el capítulo 6 de [5].

2.7. Sistemas ortonormales

Definición 2.7.1. *Dado un espacio de Hilbert H, se dice que un conjunto de vectores $E \subset H$ es un sistema ortogonal si $\langle u,v \rangle = 0$ para cada $u,v \in E$, $u \neq v$. Si además $\|u\| = 1$ para todo $u \in E$ entonces se dice que E es un sistema ortonormal.*

Todo sistema ortonormal es un conjunto de vectores linealmente independientes (véase el teorema 2.3.3). Nos centraremos en los sistemas ortonormales infinitos y numerables, lo que implica que todos los espacios de Hilbert que aparecen en este capítulo son infinito dimensionales.

Si $\{u_n : n \in \mathbb{N}\}$ es un sistema ortonormal en H y $x \in H$ los números $\langle x, u_n \rangle$ se conocen como *coeficientes de Fourier* de x respecto del sistema ortonormal y la serie (formal)

$$\sum_{n=1}^{\infty} \langle x, u_n \rangle u_n$$

es la serie de Fourier de x. Es natural plantear las dos siguientes preguntas:

¿Es convergente la serie de Fourier de x? Si la serie de Fourier de x respecto del sistema ortonormal converge ¿qué relación hay entre x y la suma de dicha serie?

Veremos que la respuesta a la primera pregunta es siempre afirmativa (corolario 2.7.4). En cuanto a la segunda, pretendemos caracterizar los sistemas ortonormales con la propiedad de que cualquier elemento $x \in H$ se puede representar como la suma de su serie de Fourier (teorema 2.7.12).

Ejemplo 2.7.2. El sistema trigonométrico

$$\frac{1}{\sqrt{2\pi}}, \frac{\cos(nx)}{\sqrt{\pi}}, \frac{\sin(mx)}{\sqrt{\pi}}, \ n, m \in \mathbb{N},$$

es un sistema ortonormal en $L^2(-\pi, \pi)$.

Teorema 2.7.3 (Desigualdad de Bessel). *Sea $\{u_n : n \in \mathbb{N}\}$ un sistema ortonormal en el espacio de Hilbert H. Entonces, para todo $x \in H$,*

$$\sum_{n=1}^{\infty} |\langle x, u_n \rangle|^2 \leq \|x\|^2.$$

Demostración. Para cada $N \in \mathbb{N}$, haciendo uso del teorema de Pitágoras,

$$\begin{aligned}
0 \ &\leq \|x - \sum_{n=1}^{N} \langle x, u_n \rangle u_n\|^2 = \langle x - \sum_{n=1}^{N} \langle x, u_n \rangle u_n, x - \sum_{n=1}^{N} \langle x, u_n \rangle u_n \rangle \\
&= \|x\|^2 - \sum_{n=1}^{N} \overline{\langle x, u_n \rangle} \langle x, u_n \rangle - \sum_{n=1}^{N} \langle x, u_n \rangle \langle u_n, x \rangle + \sum_{n=1}^{N} |\langle x, u_n \rangle|^2 \\
&= \|x\|^2 - \sum_{n=1}^{N} |\langle x, u_n \rangle|^2,
\end{aligned}$$

luego para todo N,

$$\sum_{n=1}^{N} |\langle x, u_n \rangle|^2 \leq \|x\|^2.$$

Resulta entonces que la serie de términos positivos $\displaystyle\sum_{n=1}^{\infty} |\langle x, u_n \rangle|^2$ es convergente y

$$\sum_{n=1}^{\infty} |\langle x, u_n \rangle|^2 \leq \|x\|^2.$$

$\square$

Corolario 2.7.4. *Sea $\{u_n : n \in \mathbb{N}\}$ un sistema ortonormal en el espacio de Hilbert H. Entonces, para todo $x \in H$, la serie de Fourier*

$$\sum_{n=1}^{\infty} \langle x, u_n \rangle u_n$$

es convergente.

Demostración. Como la serie $\displaystyle\sum_{n=1}^{\infty} |\langle x, u_n \rangle|^2$ es convergente, la sucesión de sus sumas parciales es de Cauchy. Dado $\varepsilon > 0$ encontramos N_0 tal que si $M > N \geq N_0$,

$$\sum_{n=N+1}^{M} |\langle x, u_n \rangle|^2 < \varepsilon^2.$$

Entonces, aplicando el teorema de Pitágoras,

$$\| \sum_{n=1}^{M} \langle x, u_n \rangle u_n - \sum_{n=1}^{N} \langle x, u_n \rangle u_n \|^2 = \| \sum_{n=N+1}^{M} \langle x, u_n \rangle u_n \|^2 = \sum_{n=N+1}^{M} |\langle x, u_n \rangle|^2 < \varepsilon^2.$$

Concluimos que $\left(\displaystyle\sum_{n=1}^{N} \langle x, u_n \rangle u_n \right)_N$ es una sucesión de Cauchy, luego convergente en el espacio de Hilbert H. $\square$

Definición 2.7.5. *Un espacio normado es separable si admite un conjunto numerable que es denso.*

Proposición 2.7.6. *Un espacio normado E es separable si y solo si existe un conjunto numerable A tal que $\operatorname{Lin}(A)$ es denso en E.*

Demostración. Supondremos que el cuerpo de escalares es $\mathbb{K} = \mathbb{R}$ ya que en el caso complejo se razona igual. Es suficiente probar que si $A = \{x_n : n \in \mathbb{N}\}$ cumple que $\text{Lin}(A)$ es denso en E entonces E es separable. Para ello consideramos el conjunto D formado por todos los elementos de la forma $\lambda_1 x_1 + \ldots + \lambda_n x_n$ donde $n \in \mathbb{N}$, $\lambda_j \in \mathbb{Q}$ para cada $j = 1, \ldots, n$. El conjunto D es numerable y ahora demostraremos que es denso en E. Esto nos dará la separabilidad de E. Con este fin, fijados $x \in E$ y $\varepsilon > 0$, dado que $\text{Lin}(A)$ es denso en E, podemos encontrar $n \in \mathbb{N}$ y números reales $\alpha_1, \ldots, \alpha_n$ tales que

$$\|x - (\alpha_1 x_1 + \ldots + \alpha_n x_n)\| \leq \frac{\varepsilon}{2}.$$

Ahora, como $\mathbb{Q}$ es denso en $\mathbb{R}$, para cada $1 \leq j \leq n$ elegimos $\lambda_j \in \mathbb{Q}$ tal que

$$n\|x_j\| \cdot |\lambda_j - \alpha_j| \leq \frac{\varepsilon}{2}.$$

Entonces

$$\|(\lambda_1 x_1 + \ldots + \lambda_n x_n) - (\alpha_1 x_1 + \ldots + \alpha_n x_n)\| \leq \sum_{j=1}^{n} |\lambda_j - \alpha_j| \cdot \|x_j\| \leq \frac{\varepsilon}{2}$$

y por tanto

$$\|x - (\lambda_1 x_1 + \ldots + \lambda_n x_n)\| \leq \varepsilon.$$

$\square$

Ejemplo 2.7.7. $(\ell^p, \|\cdot\|_p)$ es separable si $1 \leq p < \infty$. En efecto, es un ejercicio comprobar que si $e_n = (\delta_{j,n})_j$ entonces

$$\ell^p = \overline{LIN\{e_n : n \in \mathbb{N}\}}.$$

En cambio, el espacio ℓ^∞ de las sucesiones acotadas dotado con la norma del supremo no es separable. Razonemos por reducción al absurdo y supongamos que existe $A = \{a_n : n \in \mathbb{N}\} \subset \ell^\infty$ que es denso. Entonces, para cada $B \subset \mathbb{N}$ existe $n(B)$ tal que $\|\chi_B - a_{n(B)}\| < \frac{1}{2}$. Como $\{\chi_B : B \subset \mathbb{N}\}$ no es numerable, existen $B \neq B'$ tales que $n(B) = n(B')$. Pero entonces

$$1 = \|\chi_B - \chi_{B'}\|_\infty \leq \|\chi_B - a_{n(B)}\|_\infty + \|\chi_{B'} - a_{n(B')}\|_\infty < 1. \ \square$$

El siguiente resultado describe un método para obtener un conjunto ortonormal a partir de un conjunto de vectores linealmente independientes. De manera obvia se adapta a conjuntos finitos.

Proposición 2.7.8 (Gram-Schmidt). *Sea* $\{x_n : n \in \mathbb{N}\}$ *un conjunto linealmente independiente en el espacio de Hilbert H. Existe un sistema ortonormal* $\{u_n : n \in \mathbb{N}\}$ *tal que*

$$Lin\{x_1, \ldots, x_r\} = Lin\{u_1, \ldots, u_r\} \quad \forall r \in \mathbb{N}.$$

Demostración. Procedemos por inducción. Definimos $u_1 = \frac{x_1}{\|x_1\|}$ y ahora suponemos conocidos $u_1, \ldots, u_{r-1}$ de forma que se cumple la condición de la proposición. Entonces definimos

$$y_r = x_r - \sum_{n=1}^{r-1} \langle x_r, u_n \rangle u_n.$$

Para cada $k = 1, \ldots, r - 1$ tenemos

$$\langle y_r, u_k \rangle = \langle x_r, u_k \rangle - \langle x_r, u_k \rangle = 0.$$

Además, $y_r \neq 0$ porque es combinación lineal no trivial de $\{x_1, \ldots, x_r\}$. Para terminar definimos

$$u_r = \frac{y_r}{\|y_r\|}.$$

De este modo, los vectores $u_1, \ldots, u_r$ también cumplen las condiciones del enunciado. $\qquad\square$

Usando el método de Gram-Schmidt se puede obtener una demostración muy sencilla de que la bola unidad cerrada de un espacio de Hilbert infinito dimensional no puede ser compacta. Véase el teorema 1.3.8.

Corolario 2.7.9. *La bola unidad cerrada de un espacio de Hilbert H no puede ser compacta si H es de dimensión infinita.*

Demostración. Si H no tiene dimensión finita, el método de Gram-Schmidt proporciona un sistema ortonormal numerable, $\{u_n : n \in \mathbb{N}\}$. La sucesión $(u_n)_n$ está contenida en la bola unidad cerrada. Puesto que por el teorema de Pitágoras, $\|u_k - u_j\| = \sqrt{2}$ para todo $k \neq j$, la sucesión $(u_n)_n$ no admite subsucesiones convergentes y la bola unidad cerrada no es compacta. $\qquad\square$

Corolario 2.7.10. *Sea H un espacio de Hilbert separable de dimensión infinita. Existe un sistema ortonormal* $\{u_n : n \in \mathbb{N}\}$ *tal que*

$$\overline{Lin\{u_n : n \in \mathbb{N}\}} = H.$$

Demostración. Existe una sucesión $A = \{x_n : n \in \mathbb{N}\}$ tal que $Lin(A)$ es denso en H. Pasando a una subsucesión si es necesario, podemos suponer que A es un sistema linealmente independiente. La conclusión se sigue del procedimiento de Gram-Schmidt. $\qquad\square$

Definición 2.7.11. *Sea A un sistema ortonormal en un espacio de Hilbert H. Se dice que A es maximal si no existe un sistema ortonormal B tal que $A \subset B$, $A \neq B$. Se dice que A es completo si $\text{Lin}(A)$ es denso en H.*

Teorema 2.7.12. *Sea $A = \{u_n : n \in \mathbb{N}\}$ un sistema ortonormal en el espacio de Hilbert H. Son equivalentes:*

(1) A es un sistema ortonormal maximal.

(2) A es un sistema ortonormal completo.

(3) $x = \displaystyle\sum_{n=1}^{\infty} \langle x, u_n \rangle u_n \quad \forall x \in H.$

(4) $\|x\|^2 = \displaystyle\sum_{n=1}^{\infty} |\langle x, u_n \rangle|^2 \quad \forall x \in H.$ *(Identidad de Parseval)*

Demostración. (1) significa que $A^{\perp} = \{0\}$, lo que equivale a (2) por el corolario 2.3.11.

(3) $\Leftrightarrow$ (4). Como en la demostración del teorema 2.7.3, para cada $N \in \mathbb{N}$,

$$\|x - \sum_{n=1}^{N} \langle x, u_n \rangle u_n \|^2 = \|x\|^2 - \sum_{n=1}^{N} |\langle x, u_n \rangle|^2.$$

Por tanto

$$x = \lim_N \sum_{n=1}^{N} \langle x, u_n \rangle u_n$$

si y solo si

$$\|x\|^2 = \lim_N \sum_{n=1}^{N} |\langle x, u_n \rangle|^2.$$

(3) $\Rightarrow$ (2). Para cada $x \in H$ se tiene $\displaystyle\sum_{n=1}^{N} \langle x, u_n \rangle u_n \in \text{Lin}(A)$ para todo $N \in \mathbb{N}$. Por tanto

$$x = \lim_N \sum_{n=1}^{N} \langle x, u_n \rangle u_n \in \overline{\text{Lin}(A)}.$$

(1) $\Rightarrow$ (3). Para cada $x \in H$, consideramos la sucesión $(y_N)_N$ definida por

$$y_N := \sum_{n=1}^{N} \langle x, u_n \rangle u_n.$$

Por el corolario 2.7.4, $(y_N)_N$ es convergente a un elemento $x_0 \in H$.

Debemos demostrar que $x_0 = x$. Pero, $\langle y_N, u_k \rangle = \langle x, u_k \rangle$ siempre que $N \geq k$ y por tanto

$$\langle x_0, u_k \rangle = \lim_N \langle y_N, u_k \rangle = \langle x, u_k \rangle$$

para todo $k \in \mathbb{N}$. Concluimos que $x - x_0 \in A^\perp = \{0\}$. $\qquad\square$

La condición (3) implica que todo elemento $x \in H$ se puede representar como

$$x = \sum_{n=1}^{\infty} \alpha_n u_n, \quad \alpha_n \in \mathbb{K}.$$

Además, los coeficientes de la representación anterior son únicos porque

$$\langle x, u_k \rangle = \lim_N \langle \sum_{n=1}^{N} \alpha_n u_n, u_k \rangle = \alpha_k.$$

Por eso se dice que un sistema ortonormal que cumple las condiciones del teorema 2.7.12 es una *base de Hilbert* o una *base ortonormal*. Obsérvese que una base de Hilbert no es una base en el sentido del álgebra lineal.

Demostraremos más adelante que el sistema trigonométrico (ejemplo 2.7.2) es una base de Hilbert en $L^2(-\pi, \pi)$.

Se sigue del método de Gram-Schmidt, proposición 2.7.8, que todo espacio de Hilbert de dimensión n sobre el cuerpo $\mathbb{K}$ es isométrico a $\mathbb{K}^n$ con el producto interior usual. A continuación demostramos un resultado análogo para espacios de Hilbert infinito dimensionales que sean separables. Observemos que el teorema 2.7.13 proporciona una prueba indirecta de que ℓ^2 es completo.

Teorema 2.7.13 (Riesz-Fisher). *Todo espacio de Hilbert separable y de dimensión infinita es isométrico a ℓ^2.*

Demostración. Existe un sistema ortonormal $\{u_n : n \in \mathbb{N}\}$ tal que

$$\overline{\operatorname{Lin}\{u_n : n \in \mathbb{N}\}} = H.$$

Ahora definimos

$$T : H \to \ell^2, \quad Tx = (\langle x, u_n \rangle)_n.$$

Según el teorema 2.7.12, T está bien definida, es lineal y una isometría. Solo queda comprobar que T es sobreyectiva. Para eso fijamos un elemento $\alpha = (\alpha_n)_n \in \ell^2$ y consideramos la sucesión $(y_N)_N$ definida como $y_N := \sum_{n=1}^{N} \alpha_n u_n$. Si $p < q$ tenemos

$$\|y_q - y_p\|^2 = \sum_{n=p+1}^{q} |\alpha_n|^2$$

y como la serie $\sum_{n=1}^{\infty} |\alpha_n|^2$ es convergente, deducimos que $(y_N)_N$ es una sucesión de Cauchy. Por lo tanto existe

$$x_0 = \lim_N y_N = \sum_{n=1}^{\infty} \alpha_n u_n.$$

Ahora tenemos

$$\langle x_0, u_k \rangle = \lim_N \langle y_N, u_k \rangle = \alpha_k \quad \forall k \in \mathbb{N},$$

lo que significa que $T(x_0) = \alpha$. $\qquad\square$

Corolario 2.7.14. *Para cada subconjunto medible Ω de $\mathbb{R}^d$, $L^2(\Omega)$ es isométrico a ℓ^2.*

Demostración. Razonando como en la demostración del lema 6.12 se comprueba que $L^2(\Omega)$ es separable. Ahora basta aplicar el teorema de Riesz-Fischer. $\qquad\square$

Como observó Von Neumann, el isomorfismo isométrico entre $L^2(\Omega)$ y ℓ^2 implica que los espacios de funciones reales que intervenían en las formulaciones de la Mecánica Cuántica de Heisenberg y Schrödinger eran esencialmente los mismos. En consecuencia ambas teorías deben dar los mismos resultados.

2.8. Ejercicios

Ejercicio 2.1. Estudiar la convergencia en $L^2(-1, 1)$ y en $L^1(-1, 1)$ de la sucesión de funciones $(f_n)_n$ donde

$$f_n = n\chi_{(\frac{1}{n}, \frac{1}{n} + \frac{1}{n^2})}, \ n \geq 2.$$

Ejercicio 2.2. Comprobar si la sucesión $(y^m)_m$ definida como $y^1 = (1, 0, 0, \dots)$, $y^2 = (\frac{1}{\sqrt{2}}, 1, 0, 0, \dots)$,

$$y^m = (\frac{1}{\sqrt{m}}, \frac{1}{\sqrt{m-1}}, \frac{1}{\sqrt{m-2}}, \dots, \frac{1}{\sqrt{2}}, 1, 0, 0, \dots), \ m > 2,$$

es convergente en ℓ^2.

Ejercicio 2.3. En $L^2(0, 1)$ consideremos $\|f\| := \sqrt{\|f\|_2^2 + \|f\|_1^2}$. Demostrad que $\|\cdot\|$ es una norma equivalente a $\|\cdot\|_2$. ¿ Está definida por un producto escalar?

Ejercicio 2.4. Sean H un espacio de Hilbert y $X, Y \subset H$ subconjuntos tales que $0 \in X \cap Y$. Demostrar que $(X + Y)^{\perp} = X^{\perp} \cap Y^{\perp}$.

Ejercicio 2.5. Sea $\Omega \subset \mathbb{R}^d$ medible de medida positiva y sea $\Phi : \Omega \to \mathbb{R}$ una función continua y acotada. Se define el operador multiplicación por $M_{\Phi}(f) = \Phi f$ para todo $f \in L^2(\Omega)$.

(a) Demostrar que M_{Φ} es lineal y continuo, y que $\|M_{\Phi}\| = \sup\{|\Phi(x)| : x \in \Omega\}$.

(b) Comprobar que $M_{\Phi}^* = M_{\Phi}$.

Ejercicio 2.6. Sea H un espacio de Hilbert real. Sean $u, v \in H$ dos vectores ortogonales y con norma 1. Calcular para cada $x \in H$:

(a) $d(x, ru)$, es decir, la distancia entre el punto x y la recta $ru := \{tu : t \in \mathbb{R}\}$.

(b) $d(x, \pi(u, v))$, es decir, la distancia entre el punto x y el plano $\pi(u, v) := \{tu + sv : t, s \in \mathbb{R}\}$.

Ejercicio 2.7. Demostrar que

$$X = \left\{ f \in L^2(\mathbb{R}) : \int_0^1 x f(x)\, dx = 0, \int_0^1 x^3 f(x)\, dx = 0 \right\}$$

es un subespacio vectorial cerrado de $L^2(\mathbb{R})$ y calcular, para $f_0(x) = e^{-x^2}$, la distancia de f_0 a X.

Ejercicio 2.8. Demostrar que

$$M = \left\{ (y_1, y_2, y_3, \ldots) \in \ell^2 \; : \; \sum_{n=1}^{\infty} \frac{y_{2n}}{2^{2n}} = 0 \right\}$$

es un subespacio vectorial cerrado de ℓ^2. Calcular $M^{\perp}$ y $d(x, M)$, para $x = \left(\frac{1}{3^n}\right)_{n=1}^{\infty}$.

Ejercicio 2.9. En el espacio de Hilbert $L^2(-\pi, \pi)$ consideramos el sistema ortonormal

$$S := \left\{ \frac{1}{\sqrt{\pi}} \cos(nx) : n \in \mathbb{N} \right\}.$$

Calcula la serie de Fourier de $g(x) = x\chi_{(0,\pi)}(x)$ respecto del sistema ortonormal anterior y prueba que dicha serie converge a una cierta función $h \in L^2(-\pi, \pi)$. Razona porqué

$$\|g - h\|^2 = \|g\|^2 - \|h\|^2.$$

Ejercicio 2.10. Sea H un espacio de Hilbert y supongamos que $\lim_n \langle x_n, y \rangle = \langle x, y \rangle$ $\forall y \in H$. Razona porqué x es límite de una sucesión de combinaciones lineales de los vectores $(x_n)_n$.

Ejercicio 2.11. Sea $\{e_k : k \in \mathbb{N}\}$ un sistema ortonormal maximal del espacio de Hilbert H, y $x_k = e_k - e_{k+1}$. Razona porqué el subespacio vectorial generado por los vectores $\{x_k : k \in \mathbb{N}\}$ es denso en H.

Ejercicio 2.12. Prueba que la función

$$F(a,b,c) = \int_{-1}^{1} \left| x^3 - a - bx - cx^2 \right|^2 dx$$

tiene mínimo absoluto en $\mathbb{C}^3$ que es único. Calcúlalo.

Capítulo 3

El sistema trigonométrico en $L^2(-\pi, \pi)$

En este capítulo proporcionaremos una demostración directa de que el sistema trigonométrico es una base de Hilbert de $L^2(-\pi, \pi)$. El argumento que presentamos parece ser debido a Lebesgue.

3.1. El sistema trigonométrico es base ortonormal

En $L^2(-\pi, \pi)$ consideremos el sistema ortonormal $\{\varphi_m, \psi_n : m \in \mathbb{N}_0, n \in \mathbb{N}\}$, siendo

$$\varphi_0(x) = \frac{1}{\sqrt{2\pi}}, \quad \varphi_n(x) = \frac{\cos nx}{\sqrt{\pi}}, \quad \psi_n(x) = \frac{\sin nx}{\sqrt{\pi}}, \quad n \in \mathbb{N}.$$

Como es usual, denotamos $\mathbb{N}_0 = \mathbb{N} \cup \{0\}$. Cada $f \in L^2(-\pi, \pi)$ tiene asociada la serie de Fourier

$$f \sim \langle f, \varphi_0 \rangle \varphi_0 + \sum_{n=1}^{\infty} \langle f, \varphi_n \rangle \varphi_n + \langle f, \psi_n \rangle \psi_n.$$

De las identidades

$$\langle f, \varphi_0 \rangle \varphi_0 = \frac{1}{2\pi} \int_{-\pi}^{\pi} f(x)\, dx, \quad \langle f, \varphi_n \rangle \varphi_n = \left(\frac{1}{\pi} \int_{-\pi}^{\pi} f(x) \cos nx\, dx \right) \cos nx,$$

$$\langle f, \psi_n \rangle \psi_n = \left(\frac{1}{\pi} \int_{-\pi}^{\pi} f(x) \sin nx\, dx \right) \sin nx,$$

resulta la <u>forma clásica de la serie de Fourier</u>:

$$f(x) \sim \frac{a_0}{2} + \sum_{n=1}^{\infty} (a_n \cos nx + b_n \sin nx),$$

donde

$$a_0 = \frac{1}{\pi} \int_{-\pi}^{\pi} f(x)\,dx, \quad a_n = \frac{1}{\pi} \int_{-\pi}^{\pi} f(x)\cos nx\,dx, \quad b_n = \frac{1}{\pi} \int_{-\pi}^{\pi} f(x)\sin nx\,dx$$

para cada $n \in \mathbb{N}$. Denotaremos

$$S_n(f,x) = \frac{a_0}{2} + \sum_{k=1}^{n} (a_k \cos kx + b_k \sin kx).$$

Nuestro objetivo es comprobar que el sistema trigonométrico es una base de Hilbert de $L^2(-\pi,\pi)$, es decir que $\lim_n \|S_n(f,\cdot) - f\|_2 = 0$ para todo $f \in L^2(-\pi,\pi)$. Según el teorema 2.7.12 y el corolario 2.3.11, esto equivale a demostrar que si una función $f \in L^2(-\pi,\pi)$ es ortogonal a todos los vectores del sistema, entonces $f = 0$. Se puede ver una demostración de la completitud del sistema trigonométrico distinta a la desarrollada en este capítulo en el capítulo 5 (teorema 5.3.11).

Ejemplo 3.1.1. Sea $f(x) = x$, $x \in [-\pi,\pi]$. Como $f(x) = -f(-x)$, para todo $n \geq 0$,

$$a_n = \frac{1}{\pi} \int_{-\pi}^{\pi} x \cos nx\,dx = 0,$$

y, para $n \geq 1$,

$$b_n = \frac{1}{\pi} \int_{-\pi}^{\pi} x \sin nx\,dx = \frac{2}{\pi} \int_0^{\pi} x \sin nx\,dx = \frac{2}{n}(-1)^{n+1},$$

con lo cual

$$f(x) \sim 2 \sum_{n=1}^{\infty} \frac{(-1)^{n+1}}{n} \sin nx. \quad \square$$

Para demostrar el principal resultado de este capítulo necesitamos algún trabajo previo. Recordemos que una función escalonada en $\mathbb{R}$ es una combinación lineal de funciones características de intervalos acotados de $\mathbb{R}$.

Lema 3.1.2. *Las funciones escalonadas son densas en* $L^1(-\pi,\pi)$.

Demostración. Dada f integrable en $(-\pi,\pi)$, escribimos $f = g - h$ donde g y h son funciones superiores. Puesto que las funciones escalonadas son un espacio vectorial, basta demostrar que toda función superior se puede aproximar en $\|\cdot\|_1$ por funciones escalonadas. Sea g superior, entonces existe una sucesión creciente de funciones escalonadas $(g_n)_n$ tal que

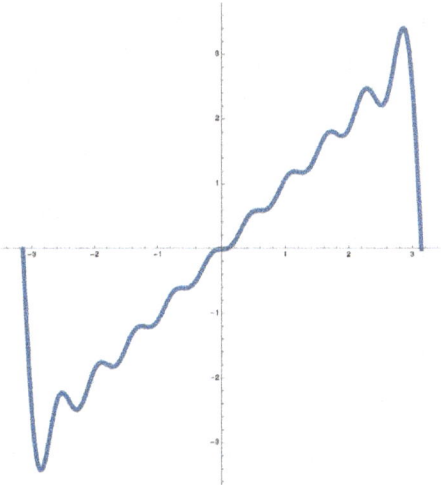

Figura 3.1: Suma de los primeros 10 términos de la serie de Fourier del ejemplo 3.1.1

1. $\lim\limits_{n} g_n(x) = g(x)$ para casi todo $x \in (-\pi, \pi)$.

2. $\left(\int_{-\pi}^{\pi} g_n(x)\, dx \right)_n$ es una sucesión acotada.

3. $\int_{-\pi}^{\pi} g(x)\, dx = \lim\limits_{n} \int_{-\pi}^{\pi} g_n(x)\, dx.$

Como para casi todo x y todo n se tiene $g(x) \geq g_n(x)$, podemos concluir

$$\lim_{n} \int_{-\pi}^{\pi} |g(x) - g_n(x)|\, dx = \lim_{n} \int_{-\pi}^{\pi} (g(x) - g_n(x))\, dx = 0.$$

$\square$

Proposición 3.1.3. *Las funciones escalonadas son densas en $L^2(-\pi, \pi)$.*

Demostración. Sea $f \in L^2(-\pi, \pi)$ y supongamos en primer lugar que f está acotada. Sea $M > 0$ tal que $|f(x)| < M$ para (casi) todo $x \in (-\pi, \pi)$. Debido a que $f \in L^1(-\pi, \pi)$ (proposición 1.4.7), existe g escalonada con

$$\int_{-\pi}^{\pi} |f(x) - g(x)|\, dx < \frac{\varepsilon^2}{2M}.$$

Sin pérdida de generalidad podemos suponer que $|g(x)| \leq M$ para todo x. Entonces,

$$\int_{-\pi}^{\pi} |f(x) - g(x)|^2\, dx \leq 2M \int_{-\pi}^{\pi} |f(x) - g(x)|\, dx < \varepsilon^2,$$

con lo cual $\|f-g\|_2 < \varepsilon$.

Si f no es acotada definimos $f_n(x) = f(x)$ cuando $|f(x)| < n$ y $f_n(x) = 0$ si $|f(x)| \geq n$. Entonces $\lim_n f_n(x) = f(x)$ para (casi) todo $x \in (-\pi, \pi)$, es decir $\lim_n |f(x) - f_n(x)|^2 = 0$ para (casi) todo $x \in (-\pi, \pi)$. Además, $|f_n - f|^2 \leq |f|^2$. Puesto que $|f|^2$ es integrable, podemos aplicar el teorema de convergencia dominada para concluir

$$\lim_n \|f - f_n\|_2 = 0.$$

Por último, dado $\varepsilon > 0$ existe n_0 con $\|f - f_{n_0}\|_2 < \frac{\varepsilon}{2}$. Debido a que f_{n_0} es acotada y pertenece a $L^2(-\pi, \pi)$, existe g escalonada con $\|f_{n_0} - g\|_2 < \frac{\varepsilon}{2}$. Se sigue que $\|f - g\|_2 < \varepsilon$. $\qquad\square$

Lema 3.1.4. *Dada $f \in L^2(-\pi, \pi)$ definimos $F : [-\pi, \pi] \to \mathbb{K}$ como*

$$F(x) = \int_{-\pi}^{x} f(t)\, dt \quad si \ -\pi < x \leq \pi, \quad F(-\pi) = 0.$$

Entonces F es continua en $[-\pi, \pi]$.

Demostración. Sean $x, y \in [-\pi, \pi]$, $x < y$. Entonces

$$|F(y) - F(x)| = \left| \int_x^y f(t)\, dt \right| = \left| \int_{-\pi}^{\pi} f(t) \chi_{(x,y)}(t)\, dt \right|$$

$$\leq \left(\int_{-\pi}^{\pi} |f(t)|^2\, dt \right)^{1/2} \left(\int_{(-\pi,\pi)} |\chi_{(x,y)}(t)|^2\, dt \right)^{1/2} = \|f\|_2 \sqrt{y-x}.$$

Por tanto, dado $\varepsilon > 0$ tomamos $\delta = \left(\frac{\varepsilon}{\|f\|_2} \right)^2$. Entonces $|F(y) - F(x)| < \varepsilon$ siempre que $0 < y - x < \delta$. $\qquad\square$

En la demostración del teorema 3.1.5 usaremos que si $f : \mathbb{R} \to \mathbb{K}$ es continua y $f(x + T) = f(x)$ para todo $x \in \mathbb{R}$, entonces, para todo $a \in \mathbb{R}$,

$$\int_0^T f(x)\, dx = \int_a^{a+T} f(x)\, dx.$$

Teorema 3.1.5. *El sistema $\{\varphi_0, \varphi_n, \psi_n : n \in \mathbb{N}\}$ es base ortonormal de $L^2(-\pi, \pi)$.*

Demostración. Hay que demostrar que si $f \in L^2(-\pi, \pi)$ y $\langle f, \varphi_0 \rangle = \langle f, \varphi_n \rangle = \langle f, \psi_n \rangle = 0$ para todo n, entonces $f = 0$.

Supongamos en primer lugar que f es continua en $[-\pi, \pi]$, toma valores reales y $f(-\pi) = f(\pi)$. Observamos que haciendo $f(x + 2k\pi) = f(x)$ para todo x en

$[-\pi, \pi]$ y todo $k \in \mathbb{Z}$, obtenemos una función continua y 2π-periódica definida en todo $\mathbb{R}$. Si $f \neq 0$ existe $x_0 \in [-\pi, \pi]$ en el que $|f|$ toma su valor máximo. Sin pérdida de generalidad suponemos $f(x_0) > 0$. Sea $0 < \delta < \frac{\pi}{2}$ tal que $f(x) > \frac{f(x_0)}{2}$ si $x \in (x_0 - \delta, x_0 + \delta)$ y consideremos la función $g(x) = 1 + \cos(x_0 - x) - \cos\delta$. Entonces cualquier potencia de g es una combinación lineal de funciones del sistema trigonométrico. Además g verifica:

1. $1 < g(x)$ para todo $|x - x_0| < \delta$

2. $|g(x)| \leq 1$ si $\delta \leq |x - x_0| \leq \pi$.

Entonces, para cada $n \in \mathbb{N}$,

$$0 = \int_{-\pi}^{\pi} f(x)g^n(x)\,dx = \int_{x_0 - \pi}^{x_0 + \pi} f(x)g^n(x)\,dx$$

$$= \int_{\delta \leq |x - x_0| \leq \pi} f(x)g^n(x)\,dx + \int_{|x - x_0| < \delta} f(x)g^n(x)\,dx.$$

La primera integral está acotada por $2\pi f(x_0)$ para cada n. En efecto,

$$\left| \int_{\delta \leq |x - x_0| \leq \pi} f(x)g^n(x)\,dx \right| \leq \int_{\delta \leq |x - x_0| \leq \pi} |f(x)||g^n(x)|\,dx$$

$$\leq f(x_0) \int_{\delta \leq |x - x_0| \leq \pi} |g^n(x)|\,dx \leq 2\pi f(x_0).$$

En cuanto a la segunda integral, si tomamos un intervalo cerrado $[a, b]$ contenido en $(x_0 - \delta, x_0 + \delta)$, como g es continua, alcanza su mínimo m en $[a, b]$ y además $m > 1$. Entonces tenemos

$$\int_{|x - x_0| < \delta} f(x)g^n(x)\,dx \geq \int_{[a,b]} f(x)g^n(x)\,dx \geq \frac{f(x_0)}{2} m^n(b - a).$$

Esto nos lleva a una contradicción ya que $\lim_{n} \dfrac{f(x_0)}{2} m^n(b - a) = \infty$. Por tanto f es idénticamente 0.

Si f es continua en $[-\pi, \pi]$, $f(-\pi) = f(\pi)$ pero no toma valores reales resulta que también $\langle \overline{f}, \varphi_0 \rangle = \langle \overline{f}, \varphi_n \rangle = \langle \overline{f}, \psi_n \rangle = 0$ para todo n, de donde se sigue que la parte real y la parte imaginaria de f, que son continuas y toman valores reales, valen lo mismo en $-\pi$ y en π y son ortogonales a todos los vectores del sistema trigonométrico, por tanto son nulas y $f = 0$.

Si f no es continua en $[-\pi, \pi]$ o $f(-\pi) \neq f(\pi)$, consideramos la función

$$F(x) = \int_{-\pi}^{x} f(t)\,dt, \text{si } x \in (-\pi, \pi], \ F(-\pi) = 0,$$

la cual es continua por el lema 3.1.4. Además

$$F(\pi) = \int_{-\pi}^{\pi} f(t)\,dt = \sqrt{2\pi}\langle f, \varphi_0 \rangle = 0 = F(-\pi).$$

Se sigue de los teoremas de Tonelli-Hobson y Fubini que

$$\int_{-\pi}^{\pi} \sin(kx)F(x)\,dx = \int_{-\pi}^{\pi} \left(\int_{-\pi}^{x} f(t)\,dt \right) \sin(kx)\,dx$$

$$= \int_{-\pi}^{\pi} f(t) \left(\int_{t}^{\pi} \sin(kx)\,dx \right) dt$$

$$= \frac{1}{k} \int_{-\pi}^{\pi} f(t)\cos(kt)\,dt - \frac{\cos(k\pi)}{k} \int_{-\pi}^{\pi} f(t)\,dt = 0.$$

Análogamente, para $k \geq 1$, $\int_{-\pi}^{\pi} \cos(kx)F(x)\,dx = 0$. Tomando $A = \int_{-\pi}^{\pi} F(x)\,dx$ definimos $G = F - \frac{A}{2\pi}$, entonces G es continua en $[-\pi, \pi]$, $G(\pi) = G(-\pi)$ y $\langle G, \varphi_0 \rangle = \langle G, \varphi_n \rangle = \langle G, \psi_n \rangle = 0$. Por lo tanto, G es idénticamente cero, es decir, F es constante y como $F(-\pi) = 0$ concluimos que $F = 0$. Es decir, para todo $x \in [-\pi, \pi]$ se cumple $\int_{-\pi}^{x} f(t)\,dt = \langle f, \chi_{(-\pi,x)} \rangle = 0$. Tenemos pues que si $-\pi \leq a < b < \pi$

$$\int_{a}^{b} f(t)\,dt = \langle f, \chi_{(a,b)} \rangle = 0,$$

es decir, f es ortogonal a todas las funciones características de intervalos en $(-\pi, \pi)$, por tanto a todas las funciones escalonadas. Puesto que las funciones escalonadas son densas en $L^2(\pi, \pi)$, f debe ser cero. $\qquad\square$

Corolario 3.1.6 (Identidad de Parseval). *Para toda $f \in L^2(-\pi, \pi)$ con serie de Fourier $f(x) \sim \dfrac{a_0}{2} + \displaystyle\sum_{n=1}^{\infty} (a_n \cos nx + b_n \sin nx)$ se cumple*

$$\frac{1}{\pi}\|f\|_2^2 = \frac{|a_0|^2}{2} + \sum_{n=1}^{\infty} \left(|a_n|^2 + |b_n|^2 \right).$$

Demostración. Por los teoremas 2.7.12 y 3.1.5 sabemos que

$$\|f\|_2^2 = |\langle f, \varphi_0 \rangle|^2 + \sum_{n=1}^{\infty} |\langle f, \varphi_n \rangle|^2 + |\langle f, \psi_n \rangle|^2.$$

Ahora usamos que $a_0 = \sqrt{\frac{2}{\pi}}\langle f, \varphi_0 \rangle$, $a_n = \frac{1}{\sqrt{\pi}}\langle f, \varphi_n \rangle$, $b_n = \frac{1}{\sqrt{\pi}}\langle f, \psi_n \rangle$ y concluimos. $\qquad\square$

Ahora que ya sabemos que el sistema trigonométrico es base ortonormal de $L^2(-\pi, \pi)$, podemos escribir

$$f(x) = \frac{a_0}{2} + \sum_{n=1}^{\infty} (a_n \cos nx + b_n \sin nx),$$

pero la igualdad debe entenderse como igualdad en $L^2(-\pi, \pi)$, es decir que

$$\lim_{N} \int_{-\pi}^{\pi} \left| f(x) - \left(\frac{a_0}{2} + \sum_{n=1}^{N} a_n \cos nx + b_n \sin nx \right) \right|^2 dx = 0.$$

De aquí no podemos deducir que para cada $x \in [-\pi, \pi]$ se cumpla

$$f(x) = \frac{a_0}{2} + \sum_{n=1}^{N} (a_n \cos nx + b_n \sin nx)$$

ya que la convergencia en $\| \cdot \|_2$ de una sucesión de funciones no implica la convergencia puntual cpp. Ahora bien, si resulta que la serie de Fourier converge puntualmente cpp, entonces sí que tendremos la igualdad puntual cpp entre la función y la suma de su serie de Fourier.

Corolario 3.1.7. *Si la serie de Fourier de $f \in L^2(-\pi, \pi)$ converge puntualmente cpp entonces, para casi todo $x \in (-\pi, \pi)$,*

$$f(x) = \frac{a_0}{2} + \sum_{n=1}^{\infty} (a_n \cos nx + b_n \sin nx).$$

Demostración. Sea $S_n(f, x) = \dfrac{a_0}{2} + \sum_{k=1}^{n} (a_k \cos kx + b_k \sin kx)$. Como $(S_n(f, \cdot))_n$ converge a f en $\| \cdot \|_2$, existe una subsucesión $(S_{n_j}(f, \cdot))_j$ que converge a f cpp. Por otro lado, $(S_n(f, \cdot))_n$ converge cpp a una cierta función h y por tanto $(S_{n_j}(f, \cdot))_j$ converge cpp a h, de donde $h = f$ cpp.

$\square$

Ejemplo 3.1.8. Sea $f(x) = x^2$, $x \in [-\pi, \pi]$. Debido a que $f(x) = f(-x)$,

$$b_n = \frac{1}{\pi} \int_{-\pi}^{\pi} x^2 \sin nx \, dx = 0,$$

y

$$a_0 = \frac{1}{\pi} \int_{-\pi}^{\pi} x^2 \, dx = \frac{2}{3} \pi^2, \quad a_n = \frac{1}{\pi} \int_{-\pi}^{\pi} x^2 \cos nx \, dx = \frac{4}{n^2} (-1)^n.$$

Como para todo n

$$\|\frac{4}{n^2}(-1)^n\cos(n\cdot)\|_\infty = \frac{4}{n^2},$$

la serie

$$\sum_{n=1}^\infty \|\frac{4}{n^2}(-1)^n\cos(n\cdot)\|_\infty$$

es convergente y, al ser $(C[-\pi,\pi],\|\cdot\|_\infty)$ un espacio de Banach, la serie

$$\sum_{n=1}^\infty \frac{4}{n^2}(-1)^n\cos(n\cdot)$$

es convergente en dicho espacio (teorema 1.1.15). Por tanto, la serie de Fourier de f es puntualmente convergente a una función continua h. Pero entonces h y f son continuas y coinciden cpp por el corolario 3.1.7. Por tanto $h = f$, es decir

$$x^2 = \frac{\pi^2}{3} + 4\sum_{n=1}^\infty \frac{(-1)^n}{n^2}\cos nx,$$

para todo $x \in [-\pi,\pi]$. $\square$

El siguiente resultado básico de convergencia puntual de la serie de Fourier es una generalización del ejemplo anterior.

Proposición 3.1.9. *Sea $f : \mathbb{R} \to \mathbb{C}$ una función 2π-periódica tal que $f \in C^1[-\pi,\pi]$. Entonces*

$$\lim_n S_n(f,x) = f(x) \quad \forall x \in \mathbb{R}.$$

Demostración. Por hipótesis tenemos $f' \in \mathscr{L}^2(-\pi,\pi)$. Sean

$$f(x) \sim \frac{a_0}{2} + \sum_{n=1}^\infty (a_n\cos nx + b_n\sin nx), \quad f'(x) \sim \frac{a_0'}{2} + \sum_{n=1}^\infty (a_n'\cos nx + b_n'\sin nx)$$

las series de Fourier de f y f'. Puesto que $f(\pi) = f(-\pi)$ se tiene

$$a_0' = \frac{1}{\pi}\int_{-\pi}^\pi f'(x)\,dx = 0.$$

Mediante integración por partes, para cada $n \in \mathbb{N}$,

$$a_n' = \frac{1}{\pi}\int_{-\pi}^\pi f'(x)\cos nx\,dx = \frac{1}{\pi}\left(f(x)\cos nx\Big|_{-\pi}^\pi + n\int_{-\pi}^\pi f(x)\sin nx\,dx\right) = nb_n,$$

y análogamente se obtiene $b_n' = -na_n$. Por tanto

$$\sum_{n=1}^\infty \|a_n\cos(n\cdot) + b_n\sin(n\cdot)\|_\infty \leq \sum_{n=1}^\infty \frac{|a_n'| + |b_n'|}{n} < \infty,$$

ya que $\left(\frac{1}{n}\right)_n \in \ell^2$ y también $(a'_n)_n, (b'_n)_n \in \ell^2$ por la identidad de Parseval (corolario 3.1.6). Esto implica que la sucesión $(S_n(f,\cdot))_n$ converge uniformemente a una función $h \in C[-\pi,\pi]$. Entonces h y f son continuas y coinciden cpp por el corolario 3.1.7. $\qquad\qquad\square$

En 1915, Lusin conjeturó que la serie de Fourier de una función de cuadrado integrable converge en casi todo punto. En 1965, Lennart Carleson demostró que la conjetura de Lusin era cierta. Dicha demostración excede con mucho los objetivos de este manual.

Ejemplo 3.1.10. Sea $k \in L^2((-\pi,\pi) \times (-\pi,\pi))$. Veamos que podemos encontrar funciones $a_0(x)$, $a_n(x)$, $b_n(x)$, $n \in \mathbb{N}$, en $L^2(-\pi,\pi)$ tales que la serie

$$\frac{a_0(x)}{2} + \sum_{n=1}^{\infty} (a_n(x)\cos ny + b_n(x)\sin ny)$$

converge a k en $L^2((-\pi,\pi) \times (-\pi,\pi))$. En efecto, del teorema de Fubini se sigue que $k(x,\cdot) \in L^2(-\pi,\pi)$ para casi todo $x \in (-\pi,\pi)$. Así, como el sistema trigonométrico es completo, para casi todo $x \in (-\pi,\pi)$, como igualdad en $L^2(-\pi,\pi)$ de funciones de la variable y,

$$k(x,y) = \frac{a_0(x)}{2} + \sum_{n=1}^{\infty} (a_n(x)\cos ny + b_n(x)\sin ny),$$

donde

$$a_n(x) = \frac{1}{\pi} \int_{-\pi}^{\pi} k(x,y)\cos ny\, dy \;(n \in \mathbb{N}_0), \; b_n(x) = \frac{1}{\pi} \int_{-\pi}^{\pi} k(x,y)\sin ny\, dy \;(n \in \mathbb{N}),$$

y, de nuevo como consecuencia del teorema de Fubini, las funciones $a_n(x), b_n(x)$ son medibles en $(-\pi,\pi)$. Por tanto, si $f \in L^2(-\pi,\pi)$, $\int_{-\pi}^{\pi} k(x,y)f(y)\,dy$ viene dada por

$$\frac{a_0(x)}{2} \int_{-\pi}^{\pi} f(y)\,dy + \sum_{n=1}^{\infty} a_n(x) \int_{-\pi}^{\pi} f(y)\cos ny\, dy + b_n(x) \int_{-\pi}^{\pi} f(y)\sin ny\, dy$$

para casi todo $x \in (-\pi,\pi)$. Además, por la identidad de Parseval,

$$\frac{1}{\pi} \int_{-\pi}^{\pi} |k(x,y)|^2\, dy = \frac{|a_0(x)|^2}{2} + \sum_{n=1}^{\infty} |a_n(x)|^2 + |b_n(x)|^2,$$

luego

$$\frac{1}{\pi} \iint_{(-\pi,\pi)^2} |k(x,y)|^2 d(x,y) = \int_{-\pi}^{\pi} \left(\frac{|a_0(x)|^2}{2} + \sum_{n=1}^{\infty} |a_n(x)|^2 + |b_n(x)|^2 \right) dx.$$

$$\tag{3.1.1}$$

En particular, $a_n, b_n \in L^2(-\pi, \pi)$.

De la igualdad anterior y del teorema de la convergencia monótona de Levi se sigue que

$$\int_{-\pi}^{\pi} \left(\frac{|a_0(x)|^2}{2} + \sum_{n=1}^{\infty} |a_n(x)|^2 + |b_n(x)|^2 \right) dx$$

$$= \int_{-\pi}^{\pi} \frac{|a_0(x)|^2}{2} dx + \sum_{n=1}^{\infty} \int_{-\pi}^{\pi} \left(|a_n(x)|^2 + |b_n(x)|^2 \right) dx.$$

Hagamos $S_N(x,y) = \frac{a_0(x)}{2} + \sum_{n=1}^{N} a_n(x) \cos ny + b_n(x) \sin ny$, y veamos que $(S_N)_N$ converge a k en $L^2((-\pi, \pi) \times (-\pi, \pi))$:

Procediendo como en (3.1.1) se tiene

$$\frac{1}{\pi} \|k - S_N\|_2^2 = \int_{-\pi}^{\pi} \left(\sum_{n=N+1}^{\infty} (|a_n(x)|^2 + |b_n(x)|^2) \right) dx$$

$$= \sum_{n=N+1}^{\infty} \int_{-\pi}^{\pi} (|a_n(x)|^2 + |b_n(x)|^2) \, dx$$

que tiende a 0 cuando $N \to \infty$, de donde se deduce la convergencia que deseábamos. $\square$

3.2. Integración de la serie de Fourier

El siguiente resultado asegura que las series de Fourier se pueden integrar término a término. Además, la serie integrada siempre converge puntualmente aunque esto pueda no ser cierto para la serie original.

Teorema 3.2.1. *Sea $f \in L^2(-\pi, \pi)$ con serie de Fourier*

$$f(x) \sim \frac{a_0}{2} + \sum_{n=1}^{\infty} (a_n \cos nx + b_n \sin nx).$$

Entonces, para todo $x \in (-\pi, \pi]$ se cumple

$$\int_{-\pi}^{x} f(t) \, dt = \frac{a_0}{2}(x + \pi) + \sum_{n=1}^{\infty} \left(\frac{a_n}{n} \sin nx - \frac{b_n}{n} \cos nx \right) + \sum_{n=1}^{\infty} (-1)^n \frac{b_n}{n}.$$

Demostración. Suponemos primero que la integral de f en $(-\pi, \pi)$ es nula, es decir, que $a_0 = 0$. Entonces la función

$$F(x) = \int_{-\pi}^{x} f(t)\,dt,\ x \in (-\pi, \pi],\ \ F(-\pi) = 0,$$

es continua y cumple $F(\pi) = 0$.

Ahora calculamos los coeficientes de Fourier de F usando el teorema de Fubini. Cuando $n \neq 0$ se tiene

$$a_n(F) = \frac{1}{\pi} \int_{-\pi}^{\pi} \left(\int_{-\pi}^{x} f(t)\,dt \right) \cos nx\,dx \ = \frac{1}{\pi} \int_{-\pi}^{\pi} \left(\int_{t}^{\pi} \cos nx\,dx \right) f(t)\,dt$$

$$= -\frac{b_n}{n}.$$

Análogamente

$$b_n(F) = \frac{1}{\pi} \int_{-\pi}^{\pi} \left(\int_{-\pi}^{x} f(t)\,dt \right) \sin nx\,dx \ = \frac{1}{\pi} \int_{-\pi}^{\pi} \left(\int_{t}^{\pi} \sin nx\,dx \right) f(t)\,dt$$

$$= \frac{1}{\pi} \int_{-\pi}^{\pi} f(t) \frac{\cos nt - (-1)^n}{n}\,dt$$

y como f tiene integral nula queda

$$b_n(F) = \frac{a_n}{n}.$$

Por ser $f \in L^2(-\pi, \pi)$ tenemos que

$$\sum_{n=1}^{\infty} \left(|a_n|^2 + |b_n|^2 \right) < \infty.$$

De la desigualdad de Cauchy-Schwarz en ℓ^2 deducimos que

$$\sum_{n=1}^{\infty} \left(|a_n(F)| + |b_n(F)| \right) < \infty.$$

Razonando como en el ejemplo 3.1.8 o la proposición 3.1.9, la serie de Fourier de F converge puntualmente a F en $[-\pi, \pi]$. Obtenemos, para todo $x \in [-\pi, \pi]$,

$$\int_{-\pi}^{x} f(t)\,dt = \frac{a_0(F)}{2} + \sum_{n=1}^{\infty} \left(\frac{a_n}{n} \sin nx - \frac{b_n}{n} \cos nx \right).$$

Observamos que la constante $\frac{a_0(F)}{2}$ se puede calcular por el procedimiento habitual y también sustituyendo $x = -\pi$ en la identidad anterior, lo que nos da

$$\int_{-\pi}^x f(t)\,dt = \sum_{n=1}^\infty (-1)^n \frac{b_n}{n} + \sum_{n=1}^\infty \left(\frac{a_n}{n} \sin nx - \frac{b_n}{n} \cos nx \right).$$

Si suprimimos la hipótesis de integral nula sobre f, podemos considerar la función

$$g(x) = f(x) - \frac{a_0}{2}$$

cuya integral sí que se anula en $(-\pi, \pi)$ y, procediendo como antes, obtenemos el desarrollo de Fourier de la función definida en $[-\pi, \pi]$ como

$$\int_{-\pi}^x f(t)\,dt - \frac{a_0}{2}(x + \pi).$$

□

Ejemplo 3.2.2. Consideremos las funciones $g = \chi_{(0,\pi)}$ y $f(x) = x\chi_{(0,\pi]}(x)$. Es fácil ver que la serie de Fourier de g es

$$g(x) \sim \frac{1}{2} + \frac{2}{\pi} \sum_{n=1}^\infty \frac{\sin(2n-1)x}{2n-1},$$

y que $f(x) = \int_{-\pi}^x g(t)\,dt$. Por el teorema 3.2.1,

$$f(x) = \frac{1}{2}(x + \pi) - \frac{2}{\pi} \sum_{n=1}^\infty \frac{\cos(2n-1)x}{(2n-1)^2} - \frac{2}{\pi} \sum_{n=1}^\infty \frac{1}{(2n-1)^2}$$

para todo $x \in (-\pi, \pi]$. En particular, tomando $x = 0$, queda

$$\frac{2}{\pi} \sum_{n=1}^\infty \frac{1}{(2n-1)^2} = \frac{\pi}{4},$$

de modo que

$$f(x) = \frac{x}{2} + \frac{\pi}{4} - \frac{2}{\pi} \sum_{n=1}^\infty \frac{\cos(2n-1)x}{(2n-1)^2}, \quad x \in (-\pi, \pi].$$

Del ejemplo (3.1.1) deducimos que

$$f(x) \sim \frac{\pi}{4} - \frac{2}{\pi} \sum_{n=1}^\infty \frac{\cos(2n-1)x}{(2n-1)^2} + \sum_{n=1}^\infty \frac{(-1)^{n+1}}{n} \sin nx. \quad \square$$

3.3. Ejercicios

Ejercicio 3.1. Demostrar que las restricciones a $(-\pi, \pi)$ de las funciones de clase C^∞ en $\mathbb{R}$ y 2π-periódicas son densas en $L^2(-\pi, \pi)$.

Ejercicio 3.2. En este ejercicio las funciones $f, g \in L^2(-\pi, \pi)$ las consideraremos extendidas a $\mathbb{R}$ de modo que $f(x+2\pi) = f(x)$ cpp y análogamente para g. Dadas $f, g \in L^2(-\pi, \pi)$ se define la convolución de f y g como

$$f * g(x) = \int_{-\pi}^{\pi} f(t)g(x-t)\, dt, \, x \in \mathbb{R}.$$

Demostrar:

(a) $f * g$ es acotada, $f * g(x) = f * g(x+2\pi)$ cpp y $\|f * g\|_\infty \leq \|f\|_2 \|g\|_2$.

(b) Si g es continua en $[-\pi, \pi]$ y $g(-\pi) = g(\pi)$, $f * g$ es continua en $[-\pi, \pi]$.

(c) Deducir que $f * g$ es continua también para toda $g \in L^2(-\pi, \pi)$.

(d) Calcular los coeficientes de Fourier de $f * g$

(e) Deducir que la aplicación

$$* : L^2(-\pi, \pi) \times L^2(-\pi, \pi) \rightarrow L^2(-\pi, \pi), (f, g) \mapsto f * g$$

no es sobreyectiva.

(f) ¿En qué puntos $x \in [-\pi, \pi]$ converge puntualmente la serie de Fourier de $f * g$?

Ejercicio 3.3. Calcular la serie de Fourier de $f(x) = x^3$ a partir de la de $g(x) = x^2$, $x \in (-\pi, \pi)$.

Ejercicio 3.4. Sea $T > 0$. Comprobad que, para a toda $f \in L^2(-\frac{T}{2}, \frac{T}{2})$, tenemos

$$f(t) = \frac{a_0}{2} + \sum_{n=1}^{\infty} a_n \cos\left(\frac{2\pi}{T}nt\right) + b_n \sin\left(\frac{2\pi}{T}nt\right)$$

siendo

$$a_n = \frac{2}{T} \int_{-\frac{T}{2}}^{\frac{T}{2}} f(t) \cos\left(\frac{2\pi}{T}nt\right) dt, \, n = 0, 1, 2, 3, \ldots$$

$$b_n = \frac{2}{T} \int_{-\frac{T}{2}}^{\frac{T}{2}} f(t) \sin\left(\frac{2\pi}{T}nt\right) dt, \, n = 1, 2, 3, \ldots$$

(la igualdad se ha de interpretar en $\|\cdot\|_2$).

Sugerencia: Definir $g(t) = f(\frac{T}{2\pi}t)$, $t \in (-\pi, \pi)$.

Ejercicio 3.5. Demostrar que para toda $f \in L^1(-\pi, \pi)$,

$$\lim_n \int_{-\pi}^{\pi} f(x) \cos nx \, dx = \lim_n \int_{-\pi}^{\pi} f(x) \sin nx \, dx = 0.$$

Sugerencia: ¿Por qué $L^2(-\pi, \pi)$ es denso en $L^1(-\pi, \pi)$?

Ejercicio 3.6. Calcular la serie de Fourier de $f(x) = \pi - |x|$, $x \in [-\pi, \pi]$. Deducir la suma de las series

$$\sum_{n=0}^{\infty} \frac{1}{(2n+1)^4}, \quad \sum_{n=1}^{\infty} \frac{1}{n^4}.$$

Ejercicio 3.7. Calcular la serie de Fourier de la función $f(x) = |\sin x|$, $x \in [-\pi, \pi]$.

Ejercicio 3.8. Calcular la serie de Fourier de $f(x) = x(\pi - |x|)$. Sumar la serie (justificando la respuesta) $\sum_{n=1}^{\infty} \frac{(-1)^{n+1}}{(2n-1)^3}$.

Ejercicio 3.9. Razona por qué el subespacio vectorial generado por las funciones $f_n(x) = \sin(nx)$, $n \in \mathbb{N}$, es denso en $L^2(0, \pi)$. Explica cómo aproximar $f(t) = 1$ en $L^2(0, \pi)$ usando una serie de senos.

Capítulo 4

Teoría espectral en espacios de Hilbert

En este capítulo presentamos los resultados básicos de la teoría espectral de operadores compactos y autoadjuntos en espacios de Hilbert. Se incluye como material suplementario.

4.1. Operadores invertibles

En esta sección $(E, \|\cdot\|)$ representa un espacio de Banach y denotaremos por $L(E) := L(E,E)$ el conjunto de operadores acotados de E en sí mismo. Para cada $T \in L(E)$, T^n es la composición de T consigo mismo n veces mientras que $T^0 := I$ es el operador identidad en E.

Definición 4.1.1. *Diremos que $T \in L(E)$ es invertible si existe $S \in L(E)$ tal que $TS = ST = I$. En ese caso escribimos $T^{-1} = S$.*

El siguiente resultado es una consecuencia importante de la completitud de $L(E)$ (proposición 1.5.4).

Teorema 4.1.2 (de la serie de Neumann). *Si $\|T\| < 1$ entonces $I - T$ es invertible. Además,*

$$(I - T)^{-1} = \sum_{n=0}^{\infty} T^n.$$

Demostración. Como $L(E)$ es un espacio de Banach, de acuerdo con el teorema 1.1.15 para comprobar que la serie $\sum_{n=0}^{\infty} T^n$ es convergente basta demostrar que la

71

serie numérica $\sum_{n=0}^{\infty} \|T^n\|$ converge. Por la proposición 1.5.3 $\|T^n\| \le \|T\|^n$ y, como $\|T\| < 1$, la serie geométrica $\sum_{n=0}^{\infty} \|T\|^n$ converge, luego por comparación, $\sum_{n=0}^{\infty} \|T^n\|$ converge.

Por otra parte

$$(I-T) \sum_{n=0}^{\infty} T^n = \lim_N (I-T) \sum_{n=0}^{N} T^n = \lim_N \sum_{n=0}^{N} (T^n - T^{n+1}) = \lim_N I - T^{N+1} = I,$$

ya que $\lim_N \|T^{N+1}\| = 0$. Análogamente se comprueba que $\left(\sum_{n=0}^{\infty} T^n \right)(I-T) = I$.

$\square$

El conjunto de los elementos invertibles en $L(E)$ tiene estructura de grupo para la composición. Veamos que es un subconjunto abierto de $L(E)$.

Corolario 4.1.3. *El conjunto de los elementos invertibles en $L(E)$ es abierto.*

Demostración. Sea $T \in L(E)$ invertible. Veamos que si $\|S-T\| < \frac{1}{\|T^{-1}\|}$ entonces también S es invertible. En efecto $S = T - (T-S) = T(I - T^{-1}(T-S))$, y como

$$\|T^{-1}(T-S)\| \le \|T^{-1}\|\|T-S\| < 1,$$

resulta que $I - T^{-1}(T-S)$ es invertible, lo que implica que S es invertible.

$\square$

Definición 4.1.4. *Dado $T \in L(E)$ se define el espectro puntual de T como*

$$\sigma_p(T) = \{\lambda \in \mathbb{C} : Ker(T - \lambda I) \ne \{0\}\}.$$

Si $\sigma_p(T) \ne \emptyset$, cada $\lambda \in \sigma_p(T)$ se llama un autovalor (o valor propio) de T y cada $x \in Ker(T - \lambda I) \setminus \{0\}$ se llama un vector propio asociado al valor propio λ.

El espectro de T es el conjunto

$$\sigma(T) = \{\lambda \in \mathbb{K} : T - \lambda I \text{ no es invertible }\}.$$

Claramente $\sigma_p(T) \subset \sigma(T)$ y ambos son iguales si E es de dimensión finita ya que en tal caso un operador es inyectivo si y solo si es un isomorfismo. Sin embargo, en dimensión infinita puede ocurrir $\sigma_p(T) \ne \sigma(T)$.

Ejemplo 4.1.5. El operador desplazamiento a la derecha $T : \ell^2 \to \ell^2$ definido como

$$T(x_1, x_2, \ldots, x_n, \ldots) = (0, x_1, x_2, \ldots, x_n, \ldots)$$

cumple que $0 \in \sigma(T)$ porque T no es sobreyectiva pero $0 \notin \sigma_p(T)$ porque T es inyectivo. $\square$

Teorema 4.1.6. *Si $T \in L(E)$, $\sigma(T)$ es un conjunto compacto y*

$$\sigma(T) \subset \{\lambda \in \mathbb{K} : |\lambda| \leq \|T\|\}.$$

Demostración. Si $|\lambda| > \|T\|$, $I - \dfrac{1}{\lambda}T$ es invertible ya que $\dfrac{1}{\lambda}T$ tiene norma menor que 1. Pero entonces $T - \lambda I = -\lambda(I - \dfrac{1}{\lambda}T)$ es invertible. Por tanto

$$\sigma(T) \subset \{\lambda \in \mathbb{K} : |\lambda| \leq \|T\|\}.$$

Veamos ahora que $\mathbb{K} \setminus \sigma(T)$ es abierto. Si $\lambda_0 \notin \sigma(T)$, $T - \lambda_0 I$ es invertible. Como el conjunto de los elementos invertibles es un abierto, existe $r > 0$ tal que si $\|S - (T - \lambda_0 I)\| < r$, entonces S es invertible. Por último, si $|\lambda - \lambda_0| < r$ entonces $\|(T - \lambda I) - (T - \lambda_0 I)\| = |\lambda - \lambda_0| < r$, luego $\lambda \notin \sigma(T)$. $\qquad\square$

Si E es un espacio de Banach complejo y $T \in L(E)$ entonces $\sigma(T) \neq \emptyset$. Omitimos la demostración, que requiere conocimientos de variable compleja (véase por ejemplo [6, Theorem 5.7]), ya que no usaremos este resultado en lo que sigue.

4.2. Operadores compactos

Los operadores que estudiamos en esta sección tienen propiedades similares a las de los operadores definidos en espacios de dimensión finita.

Definición 4.2.1. *Sean E y F dos espacios de Banach sobre el mismo cuerpo de escalares. Un operador $T \in L(E,F)$ se llama compacto si $T(B_E)$ es relativamente compacto en F, es decir, si $\overline{T(B_E)}$ es compacto en F. Denotaremos mediante $\mathcal{K}(E,F)$ el conjunto de los operadores compactos de E en F.*

Un operador $T \in L(E,F)$ se dice que tiene rango finito si $T(E)$ es un espacio vectorial de dimensión finita.

Ejemplo 4.2.2.   *(a) Si $T \in L(E,F)$ tiene rango finito entonces $T \in \mathcal{K}(E,F)$. En particular $L(E,F) = \mathcal{K}(E,F)$ si E o F tienen dimensión finita.*

(b) Si la identidad $I : E \to E$ es compacta, E tiene dimensión finita (véase el teorema 1.3.8 o corolario 2.7.9 para espacios de Hilbert).

Proposición 4.2.3. $T \in \mathcal{K}(E,F)$ *si, y solo si, para cada sucesión $(x_n)_n$ acotada en E, la sucesión $(Tx_n)_n$ tiene una subsucesión convergente.*

Demostración. ($\Rightarrow$) Sean $T \in \mathscr{K}(E,F)$ y $(x_n)_n \subset E$ una sucesión acotada. Existe $M > 0$ tal que $\|x_n\| \leq M$ para todo $n \in \mathbb{N}$. Entonces

$$(Tx_n)_n \subset T(MB_E) \subset M\overline{T(B_E)},$$

que es un conjunto compacto en F. Por tanto $(Tx_n)_n$ admite alguna subsucesión convergente (véase el comentario anterior al corolario 1.3.6).

($\Leftarrow$) Es suficiente probar que $\overline{T(B_E)}$ es sucesionalmente compacto. Dada una sucesión $(y_n)_n \subset \overline{T(B_E)}$ seleccionamos $(x_n)_n \subset B_E$ tal que $\|Tx_n - y_n\| < \frac{1}{n}$ para todo $n \in \mathbb{N}$. Por hipótesis, la sucesión $(Tx_n)_n$ admite alguna subsucesión $(Tx_{n_k})_k$ convergente a un elemento $z \in E$. Se sigue que $(y_{n_k})_k$ converge a $z \in \overline{T(B_E)}$, lo que concluye la demostración. $\square$

Proposición 4.2.4. *Sean E, F, G y M espacios de Banach. Entonces*

(a) Si $T \in \mathscr{K}(E,F)$, $S \in L(G,E)$ y $R \in L(F,M)$, entonces $R \circ T \circ S \in \mathscr{K}(G,M)$.

(b) $\mathscr{K}(E,F)$ es un subespacio vectorial cerrado de $L(E,F)$.

Demostración. (a) Es consecuencia de la proposición 4.2.3 y de que los operadores lineales continuos transforman sucesiones acotadas en sucesiones acotadas y sucesiones convergentes en sucesiones convergentes.

(b) Sea $(x_n)_n$ una sucesión acotada en E. Si $T, S \in \mathscr{K}(E,F)$, existe una subsucesión $(x_{(1,n)})_n$ de $(x_n)_n$ tal que $T(x_{(1,n)})_n$ converge en F. Como $(x_{(1,n)})_n$ es acotada y S es compacto, encontramos $(x_{(2,n)})_n$ subsucesión de $(x_{(1,n)})_n$ tal que $(Sx_{(2,n)})_n$ converge en F. Pero al ser $(Tx_{(2,n)})_n$ subsucesión de $(Tx_{(1,n)})_n$, también es convergente, por tanto $(\alpha Tx_{(2,n)} + \beta Sx_{(2,n)})_n$ converge para cualesquiera $\alpha, \beta \in \mathbb{K}$.

Sea $T \in \overline{\mathscr{K}(E,F)}$ y para cada n sea $T_n \in \mathscr{K}(E,F)$ con $\|T - T_n\| < \frac{1}{n}$. Dada una sucesión $(x_m)_m$ en la bola unidad de E, como T_1 es compacto existe una subsucesión $(x_{(1,m)})_m$ tal que $(T_1 x_{(1,m)})_m$ converge. Como $(x_{(1,m)})_m$ es acotada y T_2 es compacto encontramos una subsucesión $(x_{(2,m)})_m$ de $(x_{(1,m)})_m$, tal que $(T_2 x_{(2,m)})_m$ converge. Observemos que $(T_1 x_{(2,m)})_m$ también converge.

Supongamos que para cierto $j > 1$ tenemos que $(x_{(j,m)})_m$ es una subsucesión de $(x_{(j-1,m)})_m$ tal que, para todo $k \leq j$, $(T_k x_{(j,m)})_m$ converge. De nuevo, como $(x_{(j,m)})_m$ es acotada y T_{j+1} es compacto, existe una subsucesión $(x_{(j+1,m)})_m$ de $(x_{(j,m)})_m$ tal que $(T_{j+1} x_{(j+1,m)})_m$ converge.

Por último, consideramos $(x_{j,j})_j$, que es una subsucesión de $(x_m)_m$ y tiene la propiedad de que $(T_k x_{j,j})_j$ converge para todo k, ya que $(x_{j,j})_{j \geq k}$ es subsucesión de $(x_{k,m})_m$.

Dado $\varepsilon > 0$ existe n_0 tal que si $n \geq n_0$, $\|T - T_n\| < \frac{\varepsilon}{3}$. Como $(T_{n_0} x_{j,j})_j$ converge, es de Cauchy, luego existe j_0 tal que si $j, \ell \geq j_0$, $\|T_{n_0} x_{j,j} - T_{n_0} x_{\ell,\ell}\| < \frac{\varepsilon}{3}$.

Entonces si $j, \ell \geq j_0$, $\|Tx_{j,j} - Tx_{\ell,\ell}\| < \varepsilon$, luego $(Tx_{j,j})_j$ es de Cauchy, por tanto convergente. $\qquad\square$

Del ejemplo 4.2.2 y la proposición 4.2.4 (b) se sigue que si $(T_n)_n \subset L(E,F)$ es una sucesión de operadores de rango finito y $\lim_n \|T_n - T\| = 0$ entonces T es un operador compacto. Se cumple que todo operador compacto en un espacio de Hilbert se puede aproximar tanto como queramos usando operadores de rango finito, en cambio un resultado análogo es falso en espacios de Banach: Enflo probó en 1972 que si $1 < p < \infty$, $p \neq 2$, existen operadores compactos definidos en subespacios cerrados de ℓ^p que no se pueden aproximar mediante operadores de rango finito.

A partir de ahora nos centramos en los operadores compactos que actúan en un espacio de Hilbert.

Teorema 4.2.5. *Sea H un espacio de Hilbert y $T \in \mathcal{K}(H)$, entonces $\mathrm{Im}(I - T)$ es cerrado.*

Demostración. Sean $y \in \overline{\mathrm{Im}(I - T)}$ y $(x_n)_n$ tal que $y = \lim_n (x_n - Tx_n)$. Veamos que podemos elegir la sucesión $(x_n)_n$ acotada.

Si $y = 0$, como $0 \in \mathrm{Im}(I - T)$, es obvio. Si $y \neq 0$, podemos suponer entonces que $x_n - Tx_n \neq 0$, es decir $x_n \notin Ker(I - T)$. Como éste es un subespacio cerrado, elegimos $h_n \in Ker(I - T)$ la proyección ortogonal de x_n sobre $Ker(I - T)$, de modo que

$$\|x_n - h_n\| = d(x_n, Ker(I - T)) = \alpha_n > 0.$$

Entonces $z_n := x_n - h_n$ cumple que $(I - T)z_n = (I - T)x_n$, luego $y = \lim_n (z_n - Tz_n)$. Veamos que $(z_n)_n$ está acotada. Procediendo por reducción al absurdo, si $(z_n)_n$ no está acotada entonces, pasando a una subsucesión si es necesario, podemos suponer que $\lim_n \|z_n\| = \infty$. Por tanto

$$\lim_n \left(\frac{z_n}{\|z_n\|} - T\frac{z_n}{\|z_n\|} \right) = 0.$$

Por otra parte, al ser $(\frac{z_n}{\|z_n\|})_n$ acotada, existe una subsucesión $(\frac{z_{n_k}}{\|z_{n_k}\|})_k$ tal que $(\frac{Tz_{n_k}}{\|z_{n_k}\|})_k$ converge a algún $y_0 \in H$, luego

$$\lim_k \frac{z_{n_k}}{\|z_{n_k}\|} = \lim_k \left(\frac{z_{n_k}}{\|z_{n_k}\|} - \frac{Tz_{n_k}}{\|z_{n_k}\|} + \frac{Tz_{n_k}}{\|z_{n_k}\|} \right)$$

$$= \lim_k \left(\frac{z_{n_k}}{\|z_{n_k}\|} - \frac{Tz_{n_k}}{\|z_{n_k}\|} \right) + \lim_k \frac{Tz_{n_k}}{\|z_{n_k}\|} = y_0,$$

por lo que

$$y_0 = \lim_k T \frac{z_{n_k}}{\|z_{n_k}\|} = T(\lim_k \frac{z_{n_k}}{\|z_{n_k}\|}) = Ty_0,$$

es decir $y_0 \in Ker(I - T)$. Por el teorema 2.3.4 tenemos que $z_{n_k} \in (Ker(I - T))^\perp$. Por tanto $\|z_{n_k}\| = d(z_{n_k}, Ker(I - T))$, luego $d(\frac{z_{n_k}}{\|z_{n_k}\|}, Ker(I - T)) = 1$. Puesto que $\lim_k \frac{z_{n_k}}{\|z_{n_k}\|} = y_0 \in Ker(I - T)$, obtenemos una contradicción. Queda demostrado que $(z_n)_n$ es acotada y como T es compacto, existe una subsucesión $(z_{n_j})_j$ tal que $(Tz_{n_j})_j$ converge a z. Puesto que $\lim_j (z_{n_j} - Tz_{n_j}) = y$ concluimos que

$$\lim_j z_{n_j} = y + \lim_j Tz_{n_j} = y + z,$$

así que $z = \lim_j Tz_{n_j} = Ty + Tz = T(y + z)$. Entonces

$$y = y + z - T(y + z) \in Im(I - T),$$

lo que concluye la prueba. $\qquad\qquad\qquad\qquad\qquad\qquad\qquad\qquad\square$

4.3. El espectro de un operador compacto y autoadjunto

El objetivo de esta sección es demostrar que los operadores compactos y autoadjuntos tienen un comportamiento espectral similar al de los operadores lineales autoadjuntos en $\mathbb{K}^n$.

Proposición 4.3.1. *Sea H un espacio de Hilbert y $T \in \mathscr{K}(H)$. Si $I - T$ es una biyección, entonces $I - T$ es invertible.*

Demostración. Basta ver que si $(y_n)_n$ es convergente, la sucesión $((I - T)^{-1}y_n)_n$ es acotada (véase el ejercicio 1.7 del capítulo 1). Denotamos $x_n = (I - T)^{-1}y_n$, de modo que $(x_n - Tx_n)_n$ es convergente. Si $(x_n)_n$ no es acotada, tiene una subsucesión $(x_{n_k})_k$ con $\lim_k \|x_{n_k}\| = \infty$, con lo cual

$$\lim_k (I - T) \left(\frac{x_{n_k}}{\|x_{n_k}\|} \right) = 0.$$

Al ser $(\frac{x_{n_k}}{\|x_{n_k}\|})_k$ acotada y T compacto $(T(\frac{x_{n_k}}{\|x_{n_k}\|}))_k$ tiene una subsucesión convergente a z, pero entonces

$$\lim_j \frac{x_{n_{k_j}}}{\|x_{n_{k_j}}\|} = \lim_j \frac{T(x_{n_{k_j}})}{\|x_{n_{k_j}}\|} = z,$$

por lo que $z = Tz$, es decir $z \in Ker(I - T) = \{0\}$. Esto es una contradicción porque $\frac{x_{n_{k_j}}}{\|x_{n_{k_j}}\|}$ tiene norma 1 para todo j. $\qquad \square$

En realidad, se cumple un resultado mucho más fuerte ya que como consecuencia del teorema de la aplicación abierta toda biyección lineal y continua entre dos espacios de Banach tiene inversa continua. Véase por ejemplo [5, corolario 1.7.7].

El siguiente resultado debería compararse con el ejemplo 4.1.5.

Teorema 4.3.2. *Si H es un espacio de Hilbert y $T \in \mathcal{K}(H)$ es autoadjunto entonces $Ker(I - T) = \{0\}$ si y solo si $I - T$ es invertible.*

Demostración. Como $\langle (I - T)y, x \rangle = \langle y, (I - T)x \rangle$, resulta que $(\text{Im}(I - T))^{\perp} = Ker(I - T)$. Por tanto,

$$Ker(I - T)^{\perp} = (\text{Im}(I - T))^{\perp\perp} = \text{Im}(I - T)$$

por la proposición 2.3.8 y el teorema 4.2.5. Se sigue de las relaciones anteriores que $Ker(I - T) = \{0\}$ si y solo si $\text{Im}(I - T) = H$. Ahora basta aplicar la proposición 4.3.1. $\qquad \square$

Proposición 4.3.3. *Sean H un espacio de Hilbert de dimensión infinita y T un operador compacto y autoadjunto en H. Entonces $\sigma(T) = \{0\} \cup \sigma_p(T)$.*

Demostración. Si $0 \notin \sigma(T)$ entonces T es invertible, luego $I = T^{-1}T$ es un operador compacto, por lo que H es de dimensión finita.

Si $\lambda \neq 0$, por la proposición 4.3.1 y el teorema 4.3.2,

$$\lambda I - T \text{ es invertible} \Leftrightarrow \lambda(I - \tfrac{1}{\lambda}T) \text{ lo es} \Leftrightarrow (I - \tfrac{1}{\lambda}T) \text{ es biyectivo} \Leftrightarrow$$

$$Ker((I - \tfrac{1}{\lambda}T) = \{0\} \Leftrightarrow Ker(\lambda I - T) = \{0\} \Leftrightarrow \lambda \notin \sigma_p(T).$$

$\qquad \square$

Definición 4.3.4. *Dados $T \in L(H)$ y $\lambda \in \sigma_p(T)$, denotamos por*

$$V_{\lambda} = \{x \in H : Tx = \lambda x\}.$$

Claramente V_{λ} es un subespacio vectorial y $V_{\lambda} \setminus \{0\}$ es el conjunto de vectores propios correspondientes al valor propio λ.

Teorema 4.3.5. *Si T es un operador compacto y autoadjunto, su espectro $\sigma(T)$ está contenido en $\mathbb{R}$. Si $\lambda \in \sigma_p(T)$, $\lambda \neq 0$, V_{λ} tiene dimensión finita. Si λ, μ son dos elementos distintos de $\sigma_p(T)$, entonces V_{λ} y V_{μ} son ortogonales.*

Demostración. Si $\lambda \in \sigma(T)$, $\lambda \neq 0$, entonces $\lambda \in \sigma_p(T)$, es decir existe $x \neq 0$ con $Tx = \lambda x$, con lo cual

$$\lambda \langle x,x \rangle = \langle Tx,x \rangle = \langle x,T^*x \rangle = \langle x,Tx \rangle = \overline{\lambda} \langle x,x \rangle,$$

luego $\lambda \in \mathbb{R}$.

Si $\lambda \neq 0$, $\lambda \in \sigma_p(T)$, entonces $T : V_\lambda \to V_\lambda$ es un operador compacto y $T_{|V_\lambda} = \lambda I_{V_\lambda}$ es un múltiplo de la identidad. Por tanto V_λ tiene dimensión finita.

Si $\lambda, \mu \in \sigma_p(T)$, $\lambda \neq \mu$, entonces para cada $x \in V_\lambda$, $y \in V_\mu$ se tiene

$$\lambda \langle x,y \rangle = \langle Tx,y \rangle = \langle x,Ty \rangle = \langle x,\mu y \rangle = \mu \langle x,y \rangle.$$

Como $\lambda \neq \mu$, debe ser $\langle x,y \rangle = 0$.

$\square$

Para cada valor propio $\lambda \in \sigma_p(T)$, la dimensión de V_λ se conoce como *multiplicidad* de λ.

Proposición 4.3.6. *Si $T \in \mathscr{K}(H)$ es autoadjunto, entonces $\sigma(T)$ no puede tener puntos de acumulación distintos de* 0.

Demostración. Si H tiene dimensión finita entonces $\sigma(T) = \sigma_p(T)$ es un conjunto finito. Supongamos que H tiene dimensión infinita. Sea λ un punto de acumulación de $\sigma(T)$ y sea $(\lambda_n)_n \subset \sigma(T)$, $\lambda_n \neq \lambda_m$ si $n \neq m$, con $\lambda = \lim_n \lambda_n$. Claramente podemos suponer $\lambda_n \neq 0$, con lo cual $\lambda_n \in \sigma_p(T)$ por la proposición 4.3.3. Para cada n tomamos $x_n \in V_{\lambda_n}$ con $\|x_n\| = 1$. Al ser T compacto, $(Tx_n)_n$ admite una subsucesión $(Tx_{n_k})_k$ convergente a algún $z \in H$. Si $\lambda \neq 0$, como $\dfrac{1}{\lambda} = \lim_n \dfrac{1}{\lambda_n}$, obtenemos

$$\frac{z}{\lambda} = \lim_k \frac{1}{\lambda_{n_k}} Tx_{n_k} = \lim_k \frac{1}{\lambda_{n_k}} \lambda_{n_k} x_{n_k} = \lim_k x_{n_k}.$$

Entonces $(x_{n_k})_k$ es una sucesión de Cauchy, lo que es una contradicción porque, por el teorema 4.3.5,

$$\|x_{n_k} - x_{n_j}\|^2 = \|x_{n_k}\|^2 + \|x_{n_j}\|^2 = 2,$$

siempre que $k \neq j$. Por tanto $\lambda = 0$.

$\square$

Ejemplo 4.3.7. Para $a \in \ell^\infty$, se define el operador diagonal

$$D_a : \ell^2 \to \ell^2, \ D_a(x) = (a_n x_n)_n.$$

D_a es lineal y continuo y $\|D_a\| = \|a\|_\infty$. Vamos a ver que D_a es compacto si y solo si $a \in c_0$.

Si $a \in c_0$, dado $\varepsilon > 0$ existe n_0 tal que si $n \geq n_0$, se tiene que $|a_n| < \varepsilon$. Si ponemos D_{a_N} para denotar el operador diagonal definido por $a_N = (a_1, \ldots, a_N, 0, \ldots)$, entonces D_{a_N} es un operador de rango finito, luego es compacto. Como

$$\|D_a - D_{a_N}\| = \sup\{|a_n| : n > N\},$$

resulta que si $N \geq n_0$,

$$\|D_a - D_{a_N}\| \leq \varepsilon,$$

luego $D_a \in \overline{\mathscr{K}(\ell^2)} = \mathscr{K}(\ell^2)$.

Para la otra implicación, consideramos $(D_a)^* \circ D_a = D_{|a|^2}$, que es compacto y autoadjunto. Observamos que $|a_n|^2$ es un autovalor de $D_{|a|^2}$ y e_n es un vector propio asociado a dicho valor propio. Como el espectro del operador compacto $D_{|a|^2}$ no tiene puntos de acumulación distintos de cero (proposición 4.3.6), dado $\varepsilon > 0$ el conjunto acotado $\{\lambda \in \sigma(D_{|a|^2}) : |\lambda| \geq \varepsilon^2\}$ es finito. Puesto que cada valor propio tiene multiplicidad finita (teorema 4.3.5) concluimos que

$$\{n \in \mathbb{N} : |a_n| \geq \varepsilon\}$$

es finito, lo que quiere decir que $\lim_n a_n = 0$. $\square$

Corolario 4.3.8. *El espectro de un operador compacto y autoadjunto es finito o numerable.*

Demostración. Por el teorema 4.1.6

$$\sigma(T) \setminus \{0\} = \bigcup_{n=1}^{\infty} \{\lambda \in \sigma(T) : \frac{\|T\|}{n+1} \leq |\lambda| \leq \frac{\|T\|}{n}\}.$$

Por la proposición 4.3.6, para cada n, $\{\lambda \in \sigma(T) : \frac{\|T\|}{n+1} \leq |\lambda| \leq \frac{\|T\|}{n}\}$ es finito. $\square$

Proposición 4.3.9. *Sean H un espacio de Hilbert y $T \in L(H)$ autoadjunto. Entonces*

$$\|T\| = \sup\{|\langle Tx, x \rangle| : \|x\| \leq 1\}.$$

Demostración. Por el lema 2.5.1, $\|T\| = \sup\{|\langle Tx, y \rangle| : \|x\| \leq 1, \|y\| \leq 1\}$. Si denotamos

$$v(T) = \sup\{|\langle Tx, x \rangle| : \|x\| \leq 1\},$$

es obvio que $v(T) \leq \|T\|$. Para la otra desigualdad, usando que $\langle Ty, x \rangle = \langle y, Tx \rangle = \overline{\langle Tx, y \rangle}$, obtenemos

$$\langle T(x+y), x+y \rangle = \langle Tx, x \rangle + \langle Ty, y \rangle + 2\mathrm{Re}\langle Tx, y \rangle$$

y

$$\langle T(x-y), x-y \rangle = \langle Tx, x \rangle + \langle Ty, y \rangle - 2\mathrm{Re}\langle Tx, y \rangle,$$

por tanto

$$\langle T(x+y), x+y \rangle - \langle T(x-y), x-y \rangle = 4\mathrm{Re}\langle Tx, y \rangle.$$

Dados x, y ambos de norma menor o igual que 1, sea λ con $|\lambda| = 1$ tal que $|\langle Tx, y \rangle| = \langle Tx, \lambda y \rangle$. Entonces

$$|\langle Tx, y \rangle| = \langle Tx, \lambda y \rangle = \frac{1}{4}(\langle T(x+\lambda y), x+\lambda y \rangle - \langle T(x-\lambda y), x-\lambda y \rangle)$$

$$\leq \frac{1}{4}(|\langle T(x+\lambda y), x+\lambda y \rangle| + |\langle T(x-\lambda y), x-\lambda y \rangle|)$$

$$\leq \frac{v(T)}{4}\left(\|x+\lambda y\|^2 + \|x-\lambda y\|^2\right)$$

$$\leq \frac{v(T)}{4}\left(2\|x\|^2 + 2\|y\|^2\right) \leq v(T),$$

donde hemos usado que la norma cumple la identidad del paralelogramo y que $|\langle Tz, z \rangle| \leq v(T)\|z\|^2$ para todo $z \in H$. $\qquad\square$

Proposición 4.3.10. *Sea H un espacio de Hilbert y $T \in \mathcal{K}(T) \setminus \{0\}$ tal que T es autoadjunto. Entonces T admite un valor propio de valor absoluto $\|T\|$.*

Demostración. Por la proposición 4.3.9 existe una sucesión $(x_n)_n \subset H$ tal que $\|x_n\| \leq 1$ y $\|T\| = \lim_n |\langle Tx_n, x_n \rangle|$. Al ser $T = T^*$ se tiene $\langle Tx_n, x_n \rangle \in \mathbb{R}$, con lo cual, para todo n, $|\langle Tx_n, x_n \rangle| = \pm\langle Tx_n, x_n \rangle$, luego existe una subsucesión $(x_{n_k})_k$ tal que $\exists\lim_k\langle Tx_{n_k}, x_{n_k} \rangle = \lambda \in \mathbb{R}$ y $|\lambda| = \|T\|$. Comprobaremos que λ es un autovalor de T.

Como T es compacto y $(x_{n_k})_k$ es acotada, existe una subsucesión $(x_{n_{k_j}})_j$ tal que $\lim_j Tx_{n_{k_j}} = z$. También podemos suponer que existe $\lim_j\|x_{n_{k_j}}\| = \alpha \leq 1$. Obviamente $\lim_j\langle Tx_{n_{k_j}}, x_{n_{k_j}} \rangle = \lambda$ y $\|z\| \leq \|T\| = |\lambda|$. Ahora

$$0 \leq \|Tx_{n_{k_j}} - \lambda x_{n_{k_j}}\|^2 = \|Tx_{n_{k_j}}\|^2 + \lambda^2\|x_{n_{k_j}}\|^2 - 2\lambda\langle Tx_{n_{k_j}}, x_{n_{k_j}} \rangle.$$

Tomando límites cuando $j \to \infty$,

$$0 \leq \lim_j\|Tx_{n_{k_j}} - \lambda x_{n_{k_j}}\|^2 = \|z\|^2 + \lambda^2\alpha^2 - 2\lambda^2 \leq \lambda^2 + \lambda^2\alpha^2 - 2\lambda^2$$

$$= \lambda^2(\alpha^2 - 1) \leq 0,$$

luego $\lim\limits_{j} \left(Tx_{n_{k_j}} - \lambda x_{n_{k_j}} \right) = 0$. Resulta pues que

$$\exists \lim\limits_{j} \lambda x_{n_{k_j}} = \lim\limits_{j} Tx_{n_{k_j}} = z.$$

Como $\lim\limits_{j} \langle Tx_{n_{k_j}}, x_{n_{k_j}} \rangle = \lambda \neq 0$, se tiene $z \neq 0$. Por tanto

$$\lim\limits_{j} x_{n_{k_j}} = \frac{1}{\lambda} z = y \neq 0$$

y por continuidad

$$Ty = \lim\limits_{j} Tx_{n_{k_j}} = z = \lambda y,$$

lo que demuestra que $\lambda \in \sigma_p(T)$. $\qquad\qquad\qquad\qquad\qquad$ $\square$

Un operador lineal $T : \mathbb{R}^n \to \mathbb{R}^n$ es autoadjunto si, y solo si, la matriz de T respecto de la base canónica es simétrica (ejemplo 2.5.4). Por otra parte, es bien conocido que toda matriz simétrica es diagonalizable. El resultado siguiente se puede interpretar como una generalización de la afirmación anterior al caso de dimensión infinita.

Teorema 4.3.11 (Espectral). *Sean H un espacio de Hilbert y $T : H \to H$ un operador compacto y autoadjunto. Entonces*

(a) Si $\sigma_p(T) = \{\lambda_1, \ldots, \lambda_k\}$ es finito entonces existen $N \in \mathbb{N}$, números reales no nulos $\{\mu_1, \ldots, \mu_N\}$ y un sistema ortonormal $\{u_1, \ldots, u_N\}$ en H tales que

$$Tx = \sum_{n=1}^{N} \mu_n \langle x, u_n \rangle u_n \ \ \forall\, x \in H.$$

(b) Si $\sigma_p(T)$ es infinito entonces existen una sucesión (μ_n) convergente a 0 formada por números reales no nulos y un sistema ortonormal $\{u_n : n \in \mathbb{N}\}$ tales que

$$Tx = \sum_{n=1}^{\infty} \mu_n \langle x, u_n \rangle u_n \ \ \forall\, x \in H.$$

En ambos casos, cada μ_n es un valor propio y $u_n \in V_{\mu_n}$.

Demostración. Nos centramos en el caso (b) ya que (a) es similar pero más sencillo. Por la proposición 4.3.6 y el corolario 4.3.8 tenemos que el conjunto de autovalores no nulos de T es numerable y carece de puntos de acumulación distintos de 0. Además, para cada autovalor λ la dimensión de $\mathrm{Ker}(T - \lambda I)$ es finita, es decir todos los autovalores tienen multiplicidad finita. Repitiendo cada auto-valor tantas veces como indique su multiplicidad y ordenándolos de modo que el valor absoluto sea decreciente obtenemos una sucesión (μ_n) de números reales convergente a 0. Para cada autovalor no nulo λ sea B_λ una base ortonormal (finita) de $\mathrm{Ker}(T - \lambda I)$ y escribimos

$$\bigcup_{\lambda \in \sigma_p(T) \setminus \{0\}} B_\lambda = \{u_n : n \in \mathbb{N}\},$$

donde organizamos los vectores de modo que u_n sea un autovector asociado al autovalor μ_n. Por el teorema 4.3.5, el conjunto $\{u_n : n \in \mathbb{N}\}$ es un sistema orto-normal en H. Ahora denotamos

$$F := \mathrm{Lin}\{u_n : n \in \mathbb{N}\} = \mathrm{Lin}\left(\bigcup_{\lambda \in \sigma_p(T) \setminus \{0\}} \mathrm{Ker}(T - \lambda I) \right).$$

Por el teorema 2.3.4

$$H = \overline{F} \oplus \overline{F}^\perp = \overline{F} \oplus F^\perp.$$

Veamos ahora que $F^\perp = \mathrm{Ker}\, T$.

Si $y \in \mathrm{Ker}\, T$, $x \in \mathrm{Ker}(T - \lambda I)$, $\lambda \neq 0$, entonces

$$\langle x, y \rangle = \lambda^{-1} \langle Tx, y \rangle = \lambda^{-1} \langle x, Ty \rangle = 0.$$

Esto prueba que $\mathrm{Ker}\, T \subset F^\perp$.

La inclusión $F^\perp \subset \mathrm{Ker}\, T$ es equivalente a que T se anule en $F^\perp$. Observamos que $T(F^\perp) \subset F^\perp$ ya que si $x \in F^\perp$, $y \in \mathrm{Ker}(T - \lambda I)$ entonces

$$\langle Tx, y \rangle = \langle x, Ty \rangle = \lambda \langle x, y \rangle = 0.$$

Por tanto está bien definido el operador

$$T_1 := T_{|F^\perp} : F^\perp \to F^\perp.$$

El operador T_1 es compacto y autoadjunto en el espacio de Hilbert $F^\perp$. Si fuera $T_1 \neq 0$ entonces $\lambda = \|T_1\|$ o $\lambda = -\|T_1\|$ sería un autovalor no nulo de T_1 (proposi-ción 4.3.10), lo que quiere decir que existe $x \in F^\perp$, $x \neq 0$, tal que $Tx = T_1 x = \lambda x$. Pero entonces $x \in \mathrm{Ker}(T - \lambda I) \cap F^\perp = \{0\}$, lo que es una contradicción. Por tanto $T_1 = 0$, y queda probado que T se anula en $F^\perp$, es decir, $F^\perp \subset \mathrm{Ker}\, T$.

Concluimos que $H = \overline{F} \oplus \mathrm{Ker}\, T$. Además, $\{u_n : n \in \mathbb{N}\}$ es una base de Hilbert de $\overline{F}$ por el teorema 2.7.12. Por último, cada $x \in H$ se puede descomponer como $x = y + z$ siendo $y \in \overline{F}$, $z \in \mathrm{Ker}\, T$. Puesto que $\langle z, u_n \rangle = 0$ tenemos

$$y = \sum_{n=1}^{\infty} \langle y, u_n \rangle u_n = \sum_{n=1}^{\infty} \langle x, u_n \rangle u_n$$

y concluimos

$$Tx = Ty = \sum_{n=1}^{\infty} \mu_n \langle x, u_n \rangle u_n.$$

$\square$

4.4. Ejercicios

Ejercicio 4.1. Sea $(E, \|\cdot\|)$ un espacio normado sobre $\mathbb{C}$ y $T \in L(E)$. Demostrar que $\sigma(T^2) = (\sigma(T))^2$.

Ejercicio 4.2. En $L^2(-\pi, \pi)$ consideramos el operador integral T con núcleo $k(x, y) = \cos x + y \sin x$. Comprobar que T es compacto y calcular $\sigma_p(T)$.

Ejercicio 4.3. Sea T el operador integral en $L^2(-\pi, \pi)$ con núcleo $k(x, y) = \sinh x \sinh y + \cosh x \cosh y$. Demostrar que T es compacto y autoadjunto. Calcular su espectro.

Ejercicio 4.4. Usando la descomposición en el ejemplo 3.1.10 demostrar que si $k \in L^2\left((-\pi, \pi)^2\right)$, el operador integral

$$T : L^2(-\pi, \pi) \to L^2(-\pi, \pi), (Tf)(x) = \int_{-\pi}^{\pi} k(x, y) f(y) \, dy$$

está bien definido y es compacto.

Ejercicio 4.5. Sea $(\lambda_n)_n$ una sucesión de números complejos no nulos convergente a $\lambda \in \mathbb{C}$. En ℓ^2 se considera el operador $B((x_n)_n) = (\lambda_n x_{n+1})_n$. Se pide:

(a) Calcular B^*. ¿Cuándo es B autoadjunto?

(b) Comprobar que B es compacto si y solo si $\lambda = 0$.

(c) Si $\lambda = 0$, B no tiene autovalores distintos de 0.

(d) Si $\lambda \neq 0$, entonces cada $\mu \in \mathbb{C}$ con $|\mu| < |\lambda|$ es un autovalor de T.

Ejercicio 4.6. Sean H un espacio de Hilbert y $T = T^* \in \mathscr{K}(H)$. Usando el teorema espectral calcular, para cada $n \in \mathbb{N}$, T^n.

Ejercicio 4.7. Sean H un espacio de Hilbert y $T \in L(H)$. Se dice que T es de potencia acotada si para cada $x \in H$ la sucesión $(T^n x)_n$ es acotada en H. Demostrar que si $T = T^* \in \mathscr{K}(H)$, T es de potencia acotada si y solo si $\|T\| \leq 1$.

Capítulo 5

Series de Fourier en $L^1(\mathbb{T})$

5.1. Coeficientes de Fourier en forma compleja

Definición 5.1.1. *Diremos que $f : \mathbb{R} \to \mathbb{C}$ es periódica con período $T > 0$ si $f(x+T) = f(x)$ para todo $x \in \mathbb{R}$.*

Consideraremos funciones periódicas con período $T = 2\pi$. Hay una clara relación entre funciones 2π-periódicas definidas en $\mathbb{R}$, funciones en un intervalo cerrado de longitud 2π (que tomen el mismo valor en los extremos) y funciones en la circunferencia unidad. Por ejemplo, supongamos que

$$g : [-\pi, \pi] \to \mathbb{C}$$

cumple $g(-\pi) = g(\pi)$. Entonces existe una única función 2π-periódica $f : \mathbb{R} \to \mathbb{C}$ cuya restricción al intervalo $[-\pi, \pi]$ coincide con g y también existe una única función F definida sobre la circunferencia unidad que cumple

$$F(e^{i\theta}) = f(\theta) \ \ \forall \theta \in \mathbb{R}.$$

La discusión anterior se basa en el hecho de que todo número real θ define un punto $\varphi(\theta) = e^{i\theta}$ de la circunferencia unidad y $\varphi(\theta + 2\pi) = \varphi(\theta)$. Parece natural identificar la circunferencia unidad (también conocida como toro de dimensión 1) con el cociente

$$\mathbb{T} = \mathbb{R}/2\pi\mathbb{Z}.$$

El objetivo del tema es analizar si una función periódica se puede escribir como suma de una serie que involucre solo funciones periódicas elementales (en nuestro caso senos o cosenos, o lo que es lo mismo, exponenciales complejas de la forma $e^{inx} = \cos nx + i \sin nx$, $n \in \mathbb{Z}$) y en qué sentido hay que entender la convergencia de la serie de Fourier.

Definición 5.1.2. *Si $f : \mathbb{R} \to \mathbb{C}$ es continua y 2π-periódica diremos que $f \in C(\mathbb{T})$.*

En $C(\mathbb{T})$ consideramos la norma uniforme

$$\|f\|_\infty := \sup_{x \in \mathbb{R}} |f(x)| = \sup_{-\pi \leq x \leq \pi} |f(x)|.$$

Así, $(C(\mathbb{T}), \|\cdot\|_\infty)$ es isométrico a un subespacio cerrado de $(C[-\pi, \pi], \|\cdot\|_\infty)$.

Definición 5.1.3. *Sea $f : \mathbb{R} \to \mathbb{C}$ medible tal que $f(x + 2\pi) = f(x)$ cpp. Dado $1 \leq p < \infty$ diremos que $f \in \mathscr{L}^p(\mathbb{T})$ si*

$$\|f\|_p := \left(\frac{1}{2\pi} \int_{-\pi}^{\pi} |f(x)|^p \, dx \right)^{\frac{1}{p}} < \infty.$$

Identificando funciones que son iguales casi por todas partes obtenemos el espacio normado

$$L^p(\mathbb{T}).$$

La única diferencia entre $L^p(-\pi, \pi)$ (sección 1.4) y $L^p(\mathbb{T})$ es el término $\frac{1}{2\pi}$ en la definición de la norma. La aplicación

$$T : L^p(\mathbb{T}) \to L^p(-\pi, \pi), f \mapsto f_{|(-\pi, \pi)},$$

es un isomorfismo lineal y cumple $\|Tf\|_p = (2\pi)^{\frac{1}{p}} \|f\|_p$. Además, por la proposición 1.4.7,

$$L^p(\mathbb{T}) \subset L^1(\mathbb{T}).$$

Se deduce del ejemplo 1.1.13 y el teorema 1.4.4 que tanto $C(\mathbb{T})$ como $L^p(\mathbb{T})$ son espacios de Banach. Observamos que $L^2(\mathbb{T})$ es un espacio de Hilbert con producto interior

$$\langle f, g \rangle = \frac{1}{2\pi} \int_{-\pi}^{\pi} f(x) \overline{g(x)} \, dx.$$

Puesto que el producto interior en $L^2(\mathbb{T})$ es un múltiplo del producto interior en $L^2(-\pi, \pi)$, cualquier sistema ortonormal en $L^2(-\pi, \pi)$ necesita ser normalizado para obtener un sistema ortonormal en $L^2(\mathbb{T})$.

Ejemplo 5.1.4. Para cada $n \in \mathbb{Z}$ consideramos $u_n(x) = e^{inx}$. Entonces $\{u_n : n \in \mathbb{Z}\}$ es un sistema ortonormal en $L^2(\mathbb{T})$ y, de acuerdo con la sección 2.7, la serie de Fourier de $f \in L^2(\mathbb{T})$ respecto de dicho sistema ortonormal es

$$f(x) \sim \sum_{n \in \mathbb{Z}} \langle f, u_n \rangle e^{inx},$$

donde

$$\langle f, u_n \rangle = \frac{1}{2\pi} \int_{-\pi}^{\pi} f(x) e^{-inx} \, dx, \ n \in \mathbb{Z}. \ \square$$

A continuación extendemos la definición de serie de Fourier a funciones arbitrarias en $L^1(\mathbb{T})$.

Definición 5.1.5. *La serie de Fourier de $f \in L^1(\mathbb{T})$ es*

$$f(x) \sim \sum_{n \in \mathbb{Z}} \widehat{f}(n)e^{inx},$$

siendo

$$\widehat{f}(n) = \frac{1}{2\pi} \int_{-\pi}^{\pi} f(x)e^{-inx} dx, \ \ n \in \mathbb{Z}.$$

Los coeficientes $\widehat{f}(n)$ se conocen como coeficientes de Fourier de f.

Definición 5.1.6. *Llamamos polinomio trigonométrico a una función de la forma*

$$\sum_{n=-N}^{N} c_n e^{inx} = \frac{a_0}{2} + \sum_{n=1}^{N} (a_n \cos nx + b_n \sin nx).$$

De las fórmulas de Euler $e^{inx} = \cos nx + i \sin nx$ y $e^{-inx} = \cos nx - i \sin nx$ se sigue que

$$\frac{a_0}{2} = c_0, \ \ a_n = c_n + c_{-n}, \ \ b_n = i(c_n - c_{-n}).$$

En el caso en que $c_n = \widehat{f}(n)$ se obtiene

$$a_n = \frac{1}{\pi} \int_{-\pi}^{\pi} f(x) \cos nx \, dx \ \ (n \in \mathbb{N}_0) \ \ , \ \ b_n = \frac{1}{\pi} \int_{-\pi}^{\pi} f(x) \sin nx \, dx \ \ (n \in \mathbb{N}).$$

De este modo se recuperan la series de Fourier estudiadas en el capítulo 3. Obsérvese que hemos usado las relaciones

$$\frac{e^{inx} + e^{-inx}}{2} = \cos nx, \ \ \frac{e^{inx} - e^{-inx}}{2i} = \sin nx.$$

El siguiente resultado será útil.

Proposición 5.1.7. *Si la sucesión* $\left(\sum_{k=-N}^{N} c_k e^{ikx} \right)_N$ *converge uniformemente a f entonces*

$$c_n = \widehat{f}(n), \ n \in \mathbb{Z}.$$

Demostración. Como la convergencia es uniforme obtenemos que $f \in C(\mathbb{T})$. Además, podemos intercambiar el límite y la integral de modo que

$$\widehat{f}(n) = \frac{1}{2\pi} \int_{-\pi}^{\pi} f(x)e^{-inx} \, dt = \lim_{N} \sum_{k=-N}^{N} \frac{c_k}{2\pi} \int_{-\pi}^{\pi} e^{-i(k-n)x} \, dx = c_n.$$

$\square$

Parece natural preguntarse si las siguientes afirmaciones son ciertas:

(a) Si $f \in L^1(\mathbb{T})$ entonces

$$\lim_n \int_{-\pi}^{\pi} \left| f(x) - \sum_{k=-n}^{n} \widehat{f}(k) e^{ikx} \right| dx = 0.$$

(b) Si $f \in L^2(\mathbb{T})$ entonces

$$\lim_n \int_{-\pi}^{\pi} \left| f(x) - \sum_{k=-n}^{n} \widehat{f}(k) e^{ikx} \right|^2 dx = 0.$$

(c) Si $f \in C(\mathbb{T})$ entonces

$$\lim_n \left\| f - \sum_{k=-n}^{n} \widehat{f}(k) u_k \right\|_\infty = 0.$$

En particular

$$\lim_n \sum_{k=-n}^{n} \widehat{f}(k) e^{ikx} = f(x)$$

para cada $x \in \mathbb{R}$.

Las afirmaciones (a) y (c) son falsas en general. Sin embargo, (b) es cierta. Du Bois-Reymond en 1876 obtuvo un ejemplo de una función continua cuya serie de Fourier diverge en algunos puntos. Kolmogorov (1926) demostró que existe una función integrable cuya serie de Fourier diverge en todo punto y Shilov encontró un ejemplo de una función integrable cuya serie de Fourier no es convergente en la norma de $L^1(\mathbb{T})$. La demostración de estos resultados queda fuera de los objetivos del libro. Una demostración de (b) se puede encontrar en el capítulo 3 (teorema 3.1.5). Obtendremos una nueva demostración que no depende de ningún resultado contenido en dicho capítulo (teorema 5.3.11).

Para discutir la convergencia de la serie de Fourier analizaremos primero el tamaño de sus coeficientes.

Proposición 5.1.8. *Si $f \in L^1(\mathbb{T})$, sus coeficientes de Fourier son una sucesión acotada. Además,*

$$|\hat{f}(n)| \leq \|f\|_1, \ n \in \mathbb{Z}.$$

Demostración.

$$|\hat{f}(n)| = \left| \frac{1}{2\pi} \int_{-\pi}^{\pi} f(x) e^{-inx} dx \right| \leq \frac{1}{2\pi} \int_{-\pi}^{\pi} |f(x)| \, dx = \|f\|_1.$$

$\square$

Fejér demostró que una función $f \in L^1(\mathbb{T})$ queda completamente determinada por sus coeficientes de Fourier (corolario 5.3.9).

Para poder continuar necesitamos una expresión adecuada para las sumas parciales de la serie de Fourier.

5.2. El núcleo de Dirichlet

Dada $f \in L^1(\mathbb{T})$ llamaremos suma parcial n-ésima de la serie de Fourier a la función

$$S_n(f,x) = \sum_{k=-n}^{n} \widehat{f}(k)e^{ikx}.$$

Entonces

$$S_n(f,x) = \frac{1}{2\pi} \sum_{k=-n}^{n} e^{ikx} \int_{-\pi}^{\pi} f(t)e^{-ikt}\, dt = \frac{1}{2\pi} \int_{-\pi}^{\pi} f(t)D_n(x-t)\, dt$$

donde

$$D_n(t) = \sum_{k=-n}^{n} e^{ikt}.$$

D_n se conoce como *n-ésimo núcleo de Dirichlet*. Observemos que si $t \neq 2\pi k$ entonces

$$
\begin{aligned}
D_n(t) \quad &= \frac{e^{i(n+1)t} - e^{-int}}{e^{it} - 1} = \frac{e^{i(n+\frac{1}{2})t} - e^{-i(n+\frac{1}{2})t}}{e^{i\frac{t}{2}} - e^{-i\frac{t}{2}}} \\[2mm]
&= \frac{\sin(n+\frac{1}{2})t}{\sin(\frac{t}{2})},
\end{aligned}
$$

mientras que $D_n(0) = 2n+1$.

La función D_n es continua, par y 2π-periódica. Además

$$\frac{1}{2\pi} \int_{-\pi}^{\pi} D_n(t)\, dt = \frac{1}{2\pi} \sum_{k=-n}^{n} \int_{-\pi}^{\pi} e^{ikt}\, dt = 1,$$

ya que $\int_{-\pi}^{\pi} e^{ikt}\, dt = 0$ salvo cuando $k = 0$.

Observamos que, mediante el cambio de variable $x - t = s$, también se cumple

$$S_n(f,x) = \frac{1}{2\pi} \int_{x-\pi}^{x+\pi} f(x-s)D_n(s)\, ds = \frac{1}{2\pi} \int_{-\pi}^{\pi} f(x-t)D_n(t)\, dt,$$

donde la última igualdad se debe a la periodicidad de la función que se está integrando

Teorema 5.2.1. *Existe una función continua $f \in C(\mathbb{T})$ cuya serie de Fourier es divergente en $x = 0$.*

Omitimos la prueba de este resultado. Una demostración basada en el Principio de Acotación Uniforme se puede ver en [5, teorema 2.6.3]. Una construcción explícita de una función en $C(\mathbb{T})$ cuya serie de Fourier diverge en un punto se puede leer en [10, pp. 158-159]. Quizás es interesante notar que el mal comportamiento de las series de Fourier que muestra el teorema 5.2.1 se debe al hecho de que

$$\lim_n \int_{-\pi}^{\pi} |D_n(t)| \, dt = \infty.$$

5.3. El núcleo de Fejér

Fejér observó que si bien la sucesión de sumas parciales de la serie de Fourier de una función continua y periódica puede no ser convergente, la sucesión de medias aritméticas de dichas sumas parciales se comporta mucho mejor y de hecho converge a f.

Definición 5.3.1. *Dada una sucesión $(a_k)_k$ en un espacio normado $(E, \|\cdot\|)$ se dice que Cesàro-converge al punto $x \in E$ si la sucesión de las medias aritméticas*

$$\left(\frac{a_1 + \cdots + a_n}{n} \right)_n$$

converge a x.

Proposición 5.3.2. *Si la sucesión $(a_k)_k$ converge a x en $(E, \|\cdot\|)$ entonces también Cesàro-converge a x.*

Demostración. En efecto

$$\left\| \frac{a_1 + \cdots + a_n}{n} - x \right\| = \left\| \sum_{k=1}^{n} \frac{a_k - x}{n} \right\|.$$

Dado $\varepsilon > 0$ sea p tal que $\|a_\ell - x\| < \varepsilon/2$ si $\ell \geq p$. Por otra parte existe $M > 0$ tal que $\|a_\ell\| \leq M$ para todo ℓ, luego también $\|x\| \leq M$. Entonces si $n \geq p$

$$\left\| \frac{a_1 + \cdots + a_n}{n} - x \right\| \leq \sum_{k=1}^{p} \frac{\|a_k - x\|}{n} + \sum_{k=p+1}^{n} \frac{\|a_k - x\|}{n}$$

$$\leq \frac{2Mp}{n} + \frac{\varepsilon(n-p)}{2n} \leq \frac{2Mp}{n} + \frac{\varepsilon}{2},$$

luego tomando $n_0 > p$ lo bastante grande para que $\frac{2Mp}{n_0} < \varepsilon/2$ se concluye que

$$\left\| \frac{a_1 + \cdots + a_n}{n} - x \right\| \leq \varepsilon \ \ \forall\, n \geq n_0.$$

$\square$

El recíproco no es cierto ya que $((-1)^n)_n$ Cesàro-converge a 0 pero no es una sucesión convergente.

Denotamos por

$$\sigma_n(f,x) = \frac{S_0(f,x) + S_1(f,x) + \ldots + S_n(f,x)}{n+1},$$

la media aritmética de las primeras $n+1$ sumas parciales de la serie de Fourier de f.

Para poder tratar con las medias Cesàro consideramos un nuevo núcleo que, como veremos en la proposición 5.3.3, tiene mejores propiedades que el núcleo de Dirichlet.

Puesto que

$$S_n(f,x) = \frac{1}{2\pi} \int_{-\pi}^{\pi} f(t)D_n(x-t)\,dt = \frac{1}{2\pi} \int_{-\pi}^{\pi} f(x-t)D_n(t)\,dt,$$

al hacer las medias aritméticas obtenemos

$$\sigma_n(f,x) = \frac{1}{2\pi} \int_{-\pi}^{\pi} f(t)F_n(x-t)\,dt = \frac{1}{2\pi} \int_{-\pi}^{\pi} f(x-t)F_n(t)\,dt$$

siendo

$$F_n(t) = \frac{D_0(t) + D_1(t) + \cdots + D_n(t)}{n+1},$$

al que llamaremos *n-ésimo núcleo de Fejér*.

Proposición 5.3.3. *El n-ésimo núcleo de Fejér es una función continua y 2π-periódica con las siguientes propiedades:*

(1) $\dfrac{1}{2\pi} \displaystyle\int_{-\pi}^{\pi} F_n(t)\,dt = 1.$

(2) $F_n(t) = \dfrac{1}{n+1}\left(\dfrac{\sin\frac{n+1}{2}t}{\sin(\frac{t}{2})} \right)^2$ *para cada $t \in [-\pi, \pi] \setminus \{0\}$. En particular, F_n es positiva y par.*

(3) Para cada $0 < \delta < \pi$, la sucesión $(F_n)_n$ converge uniformemente a cero en $[\delta, 2\pi - \delta]$.

Demostración. (1) Se sigue de la definición que

$$\frac{1}{2\pi} \int_{-\pi}^{\pi} F_n(t)\, dt = \frac{1}{n+1} \sum_{k=0}^{n} \frac{1}{2\pi} \int_{-\pi}^{\pi} D_k(t)\, dt = 1.$$

(2)

$$F_n(t) = \frac{1}{(n+1)\sin(\frac{t}{2})} \sum_{k=0}^{n} \sin(k + \frac{1}{2})t = \frac{1}{(n+1)\sin(\frac{t}{2})} \mathrm{Im} \sum_{k=0}^{n} e^{i(k+\frac{1}{2})t}.$$

Esta última suma vale

$$\frac{e^{i(n+1+\frac{1}{2})t} - e^{i\frac{t}{2}}}{e^{it} - 1} = e^{i\left(\frac{n+1}{2}\right)t} \cdot \frac{e^{i\left(\frac{n+1}{2}\right)t} - e^{-i\left(\frac{n+1}{2}\right)t}}{e^{i\frac{t}{2}} - e^{-i\frac{t}{2}}}$$

$$= e^{i\left(\frac{n+1}{2}\right)t} \cdot \frac{\sin\frac{n+1}{2}t}{\sin\frac{t}{2}},$$

de donde se sigue la conclusión.

(3) Para cada $0 < \delta < \pi$ y $\delta \leq t \leq 2\pi - \delta$ se cumple que $\sin^2\left(\frac{t}{2}\right) \geq \sin^2\left(\frac{\delta}{2}\right)$ y, por tanto,

$$0 \leq F_n(t) \leq \frac{1}{(n+1)\sin^2\left(\frac{\delta}{2}\right)}.$$

Dado $\varepsilon > 0$ existe n_0 tal que

$$\frac{1}{(n+1)\sin^2\left(\frac{\delta}{2}\right)} < \varepsilon \quad \forall n \geq n_0,$$

lo que implica

$$0 \leq F_n(t) \leq \varepsilon \quad \forall n \geq n_0, \quad \forall t \in [\delta, 2\pi - \delta].$$

$\square$

Estamos en condiciones de demostrar que la serie de Fourier de una función continua y 2π-periódica converge uniformemente a la función en el sentido de Cesàro.

Teorema 5.3.4 (Fejér). *Si $f \in C(\mathbb{T})$ entonces la sucesión $(\sigma_n(f, \cdot))_n$ converge a f uniformemente.*

Demostración. Como $\frac{1}{2\pi} \int_{-\pi}^{\pi} F_n(t)\, dt = 1$, podemos escribir

$$f(x) = \frac{1}{2\pi} \int_{-\pi}^{\pi} f(x) F_n(t)\, dt.$$

Además

$$\sigma_n(f,x) = \frac{1}{2\pi} \int_{-\pi}^{\pi} f(x-t) F_n(t)\, dt,$$

luego

$$f(x) - \sigma_n(f,x) = \frac{1}{2\pi} \int_{-\pi}^{\pi} \left(f(x) - f(x-t)\right) F_n(t)\, dt.$$

Al ser f continua y periódica, es uniformemente continua, luego dado $\varepsilon > 0$ existe $\delta > 0$ tal que si $|t| < \delta$ entonces $|f(x) - f(x-t)| < \frac{\varepsilon}{2}$ para cada $x \in \mathbb{R}$. Entonces, usando que $F_n \geq 0$,

$$|f(x) - \sigma_n(f,x)|$$

es menor o igual que

$$\frac{1}{2\pi} \int_{-\delta}^{\delta} |f(x) - f(x-t)| F_n(t)\, dt + \frac{1}{2\pi} \int_{\delta \leq |t| \leq \pi} |f(x) - f(x-t)| F_n(t)\, dt$$

$$\leq \frac{\varepsilon/2}{2\pi} \int_{-\delta}^{\delta} F_n(t)\, dt + \frac{1}{2\pi} \int_{\delta \leq |t| \leq \pi} |f(x) - f(x-t)| F_n(t)\, dt$$

$$\leq \frac{\varepsilon}{2} + \frac{\|f\|_\infty}{\pi} \int_{\delta \leq |t| \leq \pi} F_n(t)\, dt.$$

Por la proposición 5.3.3, $F_n(t)$ converge a 0 uniformemente en $\delta \leq |t| \leq \pi$, luego existe $n_0 \in \mathbb{N}$ tal que

$$\frac{\|f\|_\infty}{\pi} \int_{\delta \leq |t| \leq \pi} F_n(t)\, dt \leq \frac{\varepsilon}{2} \quad \forall\, n \geq n_0.$$

Por último

$$|f(x) - \sigma_n(f,x)| \leq \frac{\varepsilon}{2} + \frac{\|f\|_\infty}{\pi} \int_{\delta \leq |t| \leq \pi} F_n(t)\, dt \leq \varepsilon$$

para todo $n \geq n_0$ y para todo $x \in \mathbb{R}$. $\qquad\square$

La consecuencia inmediata del teorema de Fejér es que cada función continua y 2π-periódica viene unívocamente determinada por sus coeficientes de Fourier.

Teorema 5.3.5. *Si $f, g \in C(\mathbb{T})$ tienen los mismos coeficientes de Fourier, entonces $f = g$.*

Demostración. La hipótesis implica que $\sigma_n(f,x) = \sigma_n(g,x)$ para cualesquiera $n \in \mathbb{N}$, $x \in \mathbb{R}$. Basta aplicar el teorema 5.3.4. $\qquad\square$

A continuación probaremos que las medias de Cesàro de una función $f \in L^1(\mathbb{T})$ convergen a la función en la norma $\|\cdot\|_1$. Para ello necesitamos algunos resultados previos.

Lema 5.3.6. *Si $f \in L^1(\mathbb{T})$ entonces*

$$\|\sigma_n(f,\cdot)\|_1 \leq \|f\|_1.$$

Demostración. Recordemos que

$$\sigma_n(f,x) = \frac{1}{2\pi}\int_{-\pi}^{\pi} f(x-t)F_n(t)\,dt.$$

Por tanto

$$\frac{1}{2\pi}\int_{-\pi}^{\pi}|\sigma_n(f,x)|\,dx \leq \frac{1}{2\pi}\int_{-\pi}^{\pi}\left(\frac{1}{2\pi}\int_{-\pi}^{\pi}|f(x-t)|\,dx\right)F_n(t)\,dt$$

$$= \|f\|_1 \cdot \frac{1}{2\pi}\int_{-\pi}^{\pi} F_n(t)\,dt = \|f\|_1.$$

Notemos que hemos usado que $F_n \geq 0$ y

$$\int_{-\pi}^{\pi}|f(x-t)|\,dt = \int_{-\pi}^{\pi}|f(t)|\,dt,$$

que es consecuencia de la periodicidad de f. Además, los teoremas de Tonelli-Hobson y Fubini permiten justificar los cálculos anteriores. $\qquad\square$

Lema 5.3.7. *$C(\mathbb{T})$ es denso en $L^1(\mathbb{T})$.*

Demostración. Supongamos primero que $-\pi < a < b < \pi$ y la restricción de $f \in L^1(\mathbb{T})$ al intervalo $(-\pi, \pi)$ coincide (cpp) con $\chi_{(a,b)}$. Probaremos que dado $\varepsilon > 0$ existe $g \in C(\mathbb{T})$ tal que $\|f - g\|_1 < \varepsilon$.

En efecto, seleccionamos $\delta > 0$ lo suficientemente pequeño para que $-\pi < a - \delta$ y $b + \delta < \pi$ y consideramos la función $g \in C(\mathbb{T})$ cuya restricción a $[-\pi, \pi]$ es *lineal a trozos* y viene dada por

$$g(x) = \begin{cases} 0 & \text{si} \quad -\pi \leq x \leq a - \delta \\ \frac{x-a}{\delta} + 1 & \text{si} \quad a - \delta < x \leq a \\ 1 & \text{si} \quad a \leq x \leq b \\ \frac{b-x}{\delta} + 1 & \text{si} \quad b \leq x \leq b + \delta \\ 0 & \text{si} \quad b + \delta < x \leq \pi \end{cases}$$

93

Puesto que g toma valores entre 0 y 1 y en el intervalo $[-\pi, \pi]$ coincide con $\chi_{(a,b)}$ excepto en $(a - \delta, a] \cup [b, b + \delta)$, concluimos

$$\|f - g\|_1 \leq 2\delta.$$

Por último, dado $\varepsilon > 0$ seleccionamos $\delta = \frac{\varepsilon}{2}$, con lo cual $\|f - g\|_1 \leq \varepsilon$.

La conclusión se sigue del hecho de que las funciones 2π-periódicas cuya restricción a $(-\pi, \pi)$ es escalonada forman un subespacio denso en $L^1(\mathbb{T})$. $\square$

Teorema 5.3.8. *Si $f \in L^1(\mathbb{T})$ entonces*

$$\lim_n \|f - \sigma_n(f, \cdot)\|_1 = 0.$$

Demostración. Fijado $\varepsilon > 0$ existe una función $g \in C(\mathbb{T})$ tal que $\|f - g\|_1 \leq \frac{\varepsilon}{3}$ (lema 5.3.7). Por el teorema 5.3.4, existe $n_0 \in \mathbb{N}$ tal que

$$\|g - \sigma_n(g, \cdot)\|_\infty \leq \frac{\varepsilon}{3} \quad \forall n \geq n_0.$$

Por último, para cada $n \geq n_0$ se cumple

$$\|f - \sigma_n(f, \cdot)\|_1 \quad \leq \|f - g\|_1 + \|g - \sigma_n(g, \cdot)\|_1 + \|\sigma_n(g - f, \cdot)\|_1$$

$$\leq \|f - g\|_1 + \|g - \sigma_n(g, \cdot)\|_\infty + \|f - g\|_1 \leq \varepsilon.$$

$\square$

Razonando igual que en el teorema 5.3.5 se obtiene el siguiente resultado.

Corolario 5.3.9. *Si $f, g \in L^1(\mathbb{T})$ tienen los mismos coeficientes de Fourier entonces $f = g$.*

Corolario 5.3.10 (lema de Riemann-Lebesgue). *Si $f \in L^1(\mathbb{T})$ entonces*

$$\lim_{|k| \to \infty} \hat{f}(k) = 0.$$

Demostración. Como consecuencia del teorema 5.3.8 obtenemos que los polinomios trigonométricos son densos en $L^1(\mathbb{T})$, de modo que dado $\varepsilon > 0$ existe un polinomio trigonométrico

$$P(x) = \sum_{k=-n}^{n} c_k e^{ikx}$$

tal que $\|f - P\|_1 \leq \varepsilon$. Para cada $k \in \mathbb{Z}$ con $|k| > n$ se cumple que $\widehat{P}(k) = 0$. Por tanto, por la proposición 5.1.8,

$$\left|\widehat{f}(k)\right| = \left|\widehat{f}(k) - \widehat{P}(k)\right| \leq \|f - P\|_1 \leq \varepsilon.$$

$\square$

Ya estamos en condiciones de dar una demostración alternativa del teorema 3.1.5 relativo a la completitud del sistema trigonométrico en $L^2(-\pi, \pi)$.

Teorema 5.3.11. *Sea $u_n(x) = e^{inx}, n \in \mathbb{Z}$. Entonces $\{u_n : n \in \mathbb{Z}\}$ es un sistema ortonormal completo en $L^2(\mathbb{T})$.*

Demostración. Por el teorema 2.7.12 es suficiente comprobar que $f = 0$ siempre que $f \in L^2(\mathbb{T})$ y $\widehat{f}(n) = 0$ para todo $n \in \mathbb{Z}$. Como $L^2(\mathbb{T}) \subset L^1(\mathbb{T})$, ello se sigue del corolario 5.3.9. $\qquad\square$

Corolario 5.3.12 (Identidad de Parseval). *Para cada $f \in L^2(\mathbb{T})$ se cumple*

$$\sum_{n \in \mathbb{Z}} \left|\widehat{f}(n)\right|^2 = \frac{1}{2\pi} \int_{-\pi}^{\pi} |f(x)|^2 \, dx.$$

Si $f \in L^2(\mathbb{T})$ toma valores reales y $f(x) \sim \dfrac{a_0}{2} + \displaystyle\sum_{n=1}^{\infty} (a_n \cos nx + b_n \sin nx)$ entonces la identidad de Parseval se reduce a

$$\frac{1}{\pi} \int_{-\pi}^{\pi} |f(x)|^2 \, dx = \frac{a_0^2}{2} + \sum_{n=1}^{\infty} (a_n^2 + b_n^2),$$

con lo cual recuperamos el corolario 3.1.6.

Observamos que el sistema ortonormal en el teorema 2.7.12 está indexado usando $\mathbb{N}$ mientras que el conjunto de índices en $\mathscr{B} = \{u_n : n \in \mathbb{Z}\}$ es el conjunto numerable $\mathbb{Z}$. Si $\varphi : \mathbb{N} \to \mathbb{Z}$ es una biyección, la condición (3) del teorema 2.7.12 nos asegura que

$$f = \sum_{n=1}^{\infty} \langle f, u_{\varphi(n)} \rangle u_{\varphi(n)} \quad \forall f \in L^2(\mathbb{T}),$$

de modo que el orden elegido para sumar la serie de Fourier no es relevante. En particular, si $f \in L^2(\mathbb{T})$ podemos asegurar que $f = \displaystyle\lim_n \sum_{k=-n}^{n} \langle f, u_k \rangle u_k$. En otras palabras

$$\lim_n \int_{-\pi}^{\pi} \left| f(x) - \sum_{k=-n}^{n} \widehat{f}(k) e^{ikx} \right|^2 dx = 0.$$

5.4. Convergencia puntual de la serie de Fourier

Ya hemos visto que la serie de Fourier de cada $f \in L^2(\mathbb{T})$ converge a f en la norma $\|\cdot\|_2$. Como la convergencia en la norma $\|\cdot\|_2$ implica la convergencia puntual casi por todas partes de una subsucesión (corolario 1.4.6), resulta que la sucesión $(S_n(f,\cdot))_n$ tiene una subsucesión que converge puntualmente casi por todas partes a f. Como ya mencionamos en el capítulo 3, en 1915 Lusin conjeturó que para $f \in L^2(\mathbb{T})$ la serie de Fourier converge puntualmente cpp a f. En 1966 Carlesson demostró que la conjetura de Lusin era cierta. Inmediatamente después, en 1967, Hunt extendió el resultado para funciones de $L^p(\mathbb{T})$, $1 < p < \infty$.

Para que se entienda mejor la dificultad del problema de la convergencia puntual empezamos con una observación que requiere conocimientos de variable compleja. Es prescindible ya que no se usará en lo sucesivo.

Escribiendo $z = e^{ix}$, la serie de Fourier de $f \in L^1(\mathbb{T})$ se puede escribir como

$$\sum_{n=-\infty}^{\infty} \hat{f}(n)z^n, \ |z| = 1.$$

Al menos formalmente la expresión anterior se puede ver como una serie de Laurent. Veamos qué podemos decir acerca de la convergencia de la misma.

La parte analítica,

$$\sum_{n=0}^{\infty} \hat{f}(n)z^n,$$

es convergente en el disco $D(0,R)$ siendo

$$R = \frac{1}{\limsup_n |\hat{f}(n)|^{1/n}}$$

(con el convenio $1/\infty = 0$), mientras que la parte principal,

$$\sum_{n=1}^{\infty} \hat{f}(-n)z^{-n},$$

es convergente en $\mathbb{C} \setminus \overline{D(0,r)}$ para

$$r = \limsup_n |\hat{f}(-n)|^{1/n}.$$

Si volvemos a la cuestión de la convergencia de las series

$$\sum_{n=0}^{\infty} \hat{f}(n)z^n, \ \sum_{n=1}^{\infty} \hat{f}(-n)z^{-n},$$

puesto que

$$\limsup_n |\hat{f}(n)|^{1/n} \leq \limsup_n \|f\|_1^{1/n} = 1$$

y

$$\limsup_n |\hat{f}(-n)|^{1/n} \le \limsup_n \|f\|_1^{1/n} = 1$$

concluimos que

$$\sum_{n=0}^{\infty} \hat{f}(n)z^n,$$

es convergente en $D(0,R)$ siendo

$$R = \frac{1}{\limsup_n |\hat{f}(n)|^{1/n}} \ge 1$$

y

$$\sum_{n=1}^{\infty} \hat{f}(-n)z^{-n},$$

es convergente en $\mathbb{C} \setminus \overline{D(0,r)}$ siendo

$$r = \limsup_n |\hat{f}(-n)|^{1/n} \le 1.$$

En el caso de que $r < 1 < R$ la serie de Laurent será convergente en el anillo $\{z \in \mathbb{C} : r < |z| < R\}$ y definirá una función holomorfa en el mismo. En particular, convergerá absoluta y uniformemente en la circunferencia unidad. Por el contrario, en el caso de que $r = 1$ o bien $R = 1$ no podremos tener a priori información acerca del comportamiento de la serie en la circunferencia unidad. $\square$

El objetivo de esta sección es obtener una condición suficiente que garantice la convergencia puntual de la serie de Fourier. Algunos resultados parciales en esta dirección se pueden ver en el capítulo 3, por ejemplo la proposición 3.1.9, cuya prueba incluimos también en este capítulo con un cambio de notación. Es un caso particular del corolario 5.4.5.

Para facilitar la comprensión de las hipótesis de algunos de los teoremas es conveniente trabajar con *funciones* y no con *clases de equivalencia*, así que consideraremos $\mathscr{L}^1(\mathbb{T})$ en lugar de $L^1(\mathbb{T})$.

Proposición 5.4.1. *Sea $f : \mathbb{R} \to \mathbb{C}$ una función 2π-periódica tal que $f \in C^1[-\pi,\pi]$. Entonces*

$$\lim_n S_n(f,x) = f(x) \quad \forall x \in \mathbb{R}.$$

Demostración. Por hipótesis tenemos $f' \in \mathscr{L}^2(\mathbb{T})$ y, mediante integración por partes,

$$\widehat{f'}(k) = \frac{1}{2\pi} \int_{-\pi}^{\pi} f'(t)e^{-ikt}\,dt = \frac{1}{2\pi} \left(e^{-ikt}f(t)\Big|_{t=-\pi}^{t=\pi} + ik\int_{-\pi}^{\pi} f(t)e^{-ikt}\,dt \right)$$

$$= ik\widehat{f}(k).$$

De la desigualdad de Cauchy-Schwarz y la expresión obtenida para los coeficientes de Fourier de f' deducimos

$$\sum_{k=-n}^{n} \left|\widehat{f}(k)\right| \le \left|\widehat{f}(0)\right| + \left(\sum_{k=-n}^{n} \left|\widehat{f'}(k)\right|^2\right)^{\frac{1}{2}} \left(2\sum_{k=1}^{n} \frac{1}{k^2}\right)^{\frac{1}{2}}.$$

Puesto que, por la identidad de Parseval,

$$\sup_{n\in\mathbb{N}} \sum_{k=-n}^{n} \left|\widehat{f'}(k)\right|^2 = \|f'\|_2^2$$

y también la serie $\displaystyle\sum_{k=1}^{\infty} \frac{1}{k^2}$ es convergente, concluimos que

$$\sup_{n\in\mathbb{N}} \sum_{k=-n}^{n} \left|\widehat{f}(k)\right| < \infty.$$

Esto implica que la sucesión $(S_n(f,x))_n$ converge uniformemente a la única función continua cuyos coeficientes de Fourier son $(\widehat{f}(k))_{k\in\mathbb{Z}}$, que es precisamente la función f (proposición 5.1.7 y corolario 5.3.9). En particular, la serie de Fourier de f converge a f puntualmente, que es lo que queríamos demostrar. $\qquad\square$

Para poder mejorar el resultado anterior necesitamos algunos preliminares, empezando por una generalización del lema de Riemann-Lebesgue.

Lema 5.4.2 (Riemann-Lebesgue). *Sea I un intervalo de medida positiva y $f \in \mathscr{L}^1(I)$, entonces*

$$\lim_{\alpha\to\infty} \int_I f(t)\sin(\alpha t + \beta)\,dt = 0$$

para cada $\beta \in \mathbb{R}$.

Demostración. Supongamos primero que f es la función característica de un intervalo $[a,b] \subset I$. En ese caso,

$$\int_I f(t)\sin(\alpha t + \beta)\,dt = \int_a^b \sin(\alpha t + \beta)\,dt = \frac{\cos(\alpha a + \beta) - \cos(\alpha b + \beta)}{\alpha}$$

con lo cual

$$\left|\int_I f(t)\sin(\alpha t + \beta)\,dt\right| \le \frac{2}{|\alpha|},$$

y el resultado es cierto. Por tanto también es válido si f es escalonada.

En general, dada $f \in \mathscr{L}^1(I)$ y dado $\varepsilon > 0$, razonando como en el lema 3.1.2, tomamos $g \in \mathscr{L}^1(I)$ escalonada tal que

$$\int_I |f(t) - g(t)| \, dt < \frac{\varepsilon}{2}$$

y determinamos $\alpha_0 > 0$ tal que si $|\alpha| \geq \alpha_0$ tengamos

$$\left| \int_I g(t) \sin(\alpha t + \beta) \, dt \right| < \frac{\varepsilon}{2}$$

de donde

$$\left| \int_I f(t) \sin(\alpha t + \beta) \, dt \right| < \varepsilon.$$

$\square$

Obsérvese que el corolario 5.3.10 se puede obtener como caso particular del lema 5.4.2 tomando $I = (-\pi, \pi)$ y teniendo en cuenta que $\cos(nt) = \sin(nt + \frac{\pi}{2})$.

El teorema siguiente nos dice que la convergencia o divergencia de una serie de Fourier en un punto particular solo depende del comportamiento de la función en un entorno pequeño del punto. Esto es sorprendente porque los coeficientes de la serie de Fourier dependen de los valores que toma la función en todo el intervalo $(-\pi, \pi)$.

Teorema 5.4.3 (de localización de Riemann). *Sean $f \in \mathscr{L}^1(\mathbb{T})$, $x \in \mathbb{R}$ y $0 < \delta \leq \pi$. La serie de Fourier de f converge en el punto x si y solo si existe*

$$\ell = \lim_n \frac{1}{2\pi} \int_0^\delta \big(f(x+t) + f(x-t) \big) D_n(t) \, dt.$$

En este caso la serie de Fourier de f en el punto x converge a ℓ.

Demostración. Recordemos que

$$S_n(f, x) = \frac{1}{2\pi} \int_{-\pi}^\pi f(x-t) D_n(t) \, dt$$

y, usando que el núcleo de Dirichlet es par,

$$S_n(f, x) = \frac{1}{2\pi} \int_0^\pi \big(f(x+t) + f(x-t) \big) D_n(t) \, dt.$$

Para probar el teorema bastará comprobar que

$$\lim_n \int_\delta^\pi \big(f(x+t) + f(x-t) \big) D_n(t) \, dt = 0. \tag{5.4.1}$$

99

Ahora bien, si denotamos

$$\varphi(t) = \frac{f(x+t)+f(x-t)}{\sin\frac{t}{2}},$$

entonces φ es una función integrable en $[\delta, \pi]$ ya que φ es medible y

$$|\varphi(t)| \leq \frac{|f(x+t)|+|f(x-t)|}{\sin(\frac{\delta}{2})},$$

con lo cual φ está dominada por una función integrable. Por tanto el límite (5.4.1) se puede escribir como

$$\lim_n \int_\delta^\pi \varphi(t)\sin\left((n+\frac{1}{2})t\right)dt = 0$$

en virtud del lema 5.4.2. $\qquad\square$

Teorema 5.4.4 (Criterio de Dini). *Sean $f \in \mathscr{L}^1(\mathbb{T})$, $x \in \mathbb{R}$ y $0 < \delta \leq \pi$. Consideramos la función*

$$q(t) = \frac{f(x+t)+f(x-t)-2\ell}{t},$$

siendo ℓ una constante. Si la función q es integrable en $(0,\delta)$ entonces existe

$$\lim_n S_n(f,x) = \ell.$$

Demostración. Usando que

$$\frac{1}{\pi}\int_0^\pi D_n(t)\,dt = 1,$$

podemos descomponer

$$I_n := \frac{1}{2\pi}\int_0^\delta \left(f(x+t)+f(x-t)\right)D_n(t)\,dt = \frac{1}{2\pi}\int_0^\delta \left(tq(t)+2\ell\right)D_n(t)\,dt$$

como

$$I_n = \frac{1}{2\pi}\int_0^\delta q(t)\frac{t}{\sin(\frac{t}{2})}\cdot\sin(n+\frac{1}{2})t\,dt + \frac{\ell}{\pi}\int_0^\delta D_n(t)\,dt$$

$$= \frac{1}{2\pi}\int_0^\delta q(t)\frac{t}{\sin(\frac{t}{2})}\cdot\sin(n+\frac{1}{2})t\,dt + \ell - \frac{\ell}{\pi}\int_\delta^\pi \frac{\sin(n+\frac{1}{2})t}{\sin(\frac{t}{2})}\,dt.$$

Aplicando el lema 5.4.2 a las dos integrales anteriores y el teorema de localización 5.4.3 se concluye que

$$\lim_n S_n(f,x) = \lim_n I_n = \ell.$$

$\qquad\square$

Corolario 5.4.5. *Si $f \in \mathscr{L}^1(\mathbb{T})$ y para algún punto $x \in \mathbb{R}$ existen los límites laterales $f(x+), f(x-)$ y las derivadas laterales*

$$f'_+(x) = \lim_{t \to 0+} \frac{f(x+t) - f(x+)}{t} \quad , \quad f'_-(x) = \lim_{t \to 0-} \frac{f(x+t) - f(x-)}{t}$$

entonces la serie de Fourier de f en x converge a la media del salto, es decir,

$$\lim_n S_n(f,x) = \frac{f(x+) + f(x-)}{2}.$$

Demostración. Tomamos $\ell = \frac{f(x+)+f(x-)}{2}$. Entonces

$$q(t) = \frac{f(x+t) + f(x-t) - 2\ell}{t} = \frac{f(x+t) - f(x+)}{t} - \frac{f(x-t) - f(x-)}{-t}$$

es una función medible y acotada en un intervalo $(0, \delta)$. Basta aplicar el criterio de Dini. $\qquad\square$

Ejemplo 5.4.6. Veamos cuánto suma en $x = 0$ la serie de Fourier de la función 2π-periódica que viene dada por $f(x) = x^4$ en $(0, 2\pi)$.

Si $f(x) \sim \dfrac{a_0}{2} + \displaystyle\sum_{n=1}^{\infty} (a_n \cos nx + b_n \sin nx)$ entonces, por el corolario 5.4.5,

$$\frac{a_0}{2} + \sum_{n=1}^{\infty} a_n = \lim_n S_n(f,0) = \frac{f(0+) + f(0-)}{2} = \frac{f(0+) + f(2\pi-)}{2} = \frac{(2\pi)^4}{2}. \quad\square$$

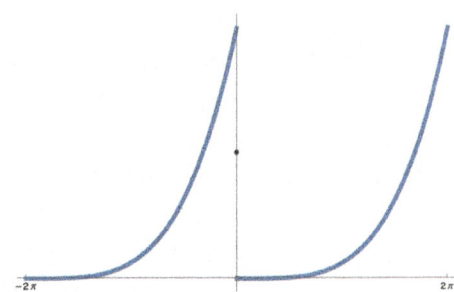

Figura 5.1: Función del ejemplo 5.4.6

5.5. Funciones con período distinto de 2π

Sea $T > 0$ y $f : \mathbb{R} \to \mathbb{C}$ una función que cumple

$$f(x+T) = f(x) \text{ cpp y } f \in \mathscr{L}^1(0,T).$$

Consideramos $\omega = \frac{2\pi}{T}$ y $g(x) = f(\frac{x}{\omega})$. Entonces $g \in \mathscr{L}^1(\mathbb{T})$ y admite una serie de Fourier

$$g(x) \sim \frac{a_0}{2} + \sum_{n=1}^{\infty} (a_n \cos nx + b_n \sin nx).$$

La serie de Fourier de f es (por definición)

$$f(x) = g(\omega x) \sim \frac{a_0}{2} + \sum_{n=1}^{\infty} (a_n \cos(n\omega x) + b_n \sin(n\omega x)).$$

Observamos que, mediante un cambio de variable en la fórmula que expresa los coeficientes de Fourier de f se obtiene

$$a_n = \frac{2}{T} \int_0^T f(x) \cos(n\omega x)\, dx \ (n \in \mathbb{N}_0), \quad b_n = \frac{2}{T} \int_0^T f(x) \sin(n\omega x)\, dx \ (n \in \mathbb{N}),$$

donde podemos reemplazar el intervalo $(0,T)$ por cualquier otro intervalo de longitud T, por ejemplo $(-\frac{T}{2}, \frac{T}{2})$. De este modo, todos los resultados válidos para funciones 2π-periódicas se pueden adaptar fácilmente a funciones de período T arbitrario. En forma compleja se tiene

$$f(x) \sim \sum_{n \in \mathbb{Z}} c_n e^{in\omega x},$$

siendo

$$c_n = \frac{1}{T} \int_0^T f(x) e^{-in\omega x}\, dx.$$

Ejemplo 5.5.1. Calculemos la serie de Fourier de la función $f(x) = |\sin x|$.

Observamos que f tiene período $T = \pi$ y es una función par. Por tanto $\omega = 2$ y la serie de Fourier de f tiene el aspecto

$$f(x) \sim \frac{a_0}{2} + \sum_{n=1}^{\infty} a_n \cos(2nx),$$

siendo

$$a_0 = \frac{2}{\pi} \int_{-\frac{\pi}{2}}^{\frac{\pi}{2}} f(x)\, dx = \frac{4}{\pi} \int_0^{\frac{\pi}{2}} \sin x\, dx = \frac{4}{\pi},$$

y

$$a_n = \frac{4}{\pi} \int_0^{\frac{\pi}{2}} \sin x \cos(2nx)\, dx = \frac{2}{\pi} \int_0^{\frac{\pi}{2}} \left(\sin((2n+1)x) - \sin((2n-1)x) \right) dx$$

$$= -\frac{4}{\pi} \frac{1}{4n^2 - 1}. \ \square$$

Obtenemos la misma serie de Fourier si tratamos f como una función 2π-periódica.

5.6. Ejercicios

Ejercicio 5.1. Calcula la serie de Fourier de la función $f \in L^1(\mathbb{T})$ que cumple $f(x) = -1$ si $-\pi < x < 0$ y $f(x) = 1$ si $0 < x < \pi$. Deduce que $\sum_{n=1}^{\infty} \frac{1}{(2n-1)^2} = \frac{\pi^2}{8}$.

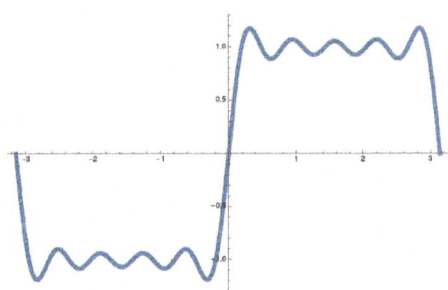

Figura 5.2: Ejercicio 5.1

Ejercicio 5.2. Comprueba que

$$x^2 = \frac{\pi^2}{3} + 4 \sum_{n=1}^{\infty} \frac{(-1)^n}{n^2} \cos nx \quad \forall x \in [-\pi, \pi].$$

Deduce que $\sum_{n=1}^{\infty} \frac{(-1)^{n-1}}{n^2} = \frac{\pi^2}{12}$.

Ejercicio 5.3. Desarrolla en serie de Fourier la función 2π-periódica dada por $f(x) = \pi - x$ cuando $0 < x < 2\pi$. Deduce cuanto valen las sumas

$$\sum_{k=1}^{\infty} \frac{(-1)^{k+1}}{2k+1}, \quad \sum_{n=1}^{\infty} \frac{1}{n^2}.$$

103

Ejercicio 5.4. Encuentra la serie de Fourier de la función $f(x) = |\cos x|$.

Ejercicio 5.5. Dado $a \in \mathbb{R} \setminus \mathbb{Z}$, calcula la serie de Fourier de la función 2π-periódica f tal que $f(x) = e^{iax}$ para todo $x \in (-\pi, \pi)$. Deduce que

$$\frac{\pi^2}{\sin^2(\pi a)} = \sum_{n=-\infty}^{\infty} \frac{1}{(a-n)^2}.$$

Ejercicio 5.6.   (a) Dadas $f, g \in L^1(\mathbb{T})$ comprueba que

$$\frac{1}{2\pi} \int_{-\pi}^{\pi} \left(\frac{1}{2\pi} \int_{-\pi}^{\pi} |f(t-s)g(s)| \, dt \right) ds = \|f\|_1 \cdot \|g\|_1.$$

Deduce que

$$(f * g)(t) = \frac{1}{2\pi} \int_{-\pi}^{\pi} f(t-s)g(s) \, ds$$

está bien definida para casi todo t y $\|f * g\|_1 \leq \|f\|_1 \cdot \|g\|_1$.
(b) Demuestra que $\widehat{f * g}(n) = \widehat{f}(n) \cdot \widehat{g}(n)$, $n \in \mathbb{Z}$.
(c) Resuelve la ecuación $f * f = f$ en $L^1(\mathbb{T})$.

Ejercicio 5.7. Demuestra que si $f \in C^2(\mathbb{T})$ entonces existe $K > 0$ tal que

$$|\widehat{f}(n)| \leq \frac{K}{n^2} \quad \forall n \neq 0.$$

Ejercicio 5.8. Demuestra que una función $f \in L^1(\mathbb{T})$ se puede expresar como $f = g * h$ para ciertas funciones $g, h \in L^2(\mathbb{T})$ si y solo si $\sum_{n \in \mathbb{Z}} |\widehat{f}(n)| < \infty$.

Ejercicio 5.9.   (a) Comprueba que $\sigma_n(f, x) = \sum_{k=-n}^{n} \left(1 - \frac{|k|}{n+1} \right) \widehat{f}(k) e^{ikx}$ para todo $f \in L^1(\mathbb{T})$.
(b) Deduce que el operador $T_n : L^1(\mathbb{T}) \to L^1(\mathbb{T})$ dado por

$$T_n(f) = 2\sigma_{2n+1}(f, \cdot) - \sigma_n(f, \cdot)$$

se puede escribir en la forma $T_n f = f * V_n$ y cumple que $T_n f = f$ si $f(x) = \sum_{k=-n}^{n} c_k e^{ikx}$. La función V_n se conoce *como núcleo de De la Vallée Poussin*.

Ejercicio 5.10. Probar que si $f \in L^1(\mathbb{T})$ cumple

$$\int_{-\pi}^{\pi} \left| \frac{f(x)}{x} \right| dx < \infty,$$

entonces la serie de Fourier de f converge en el origen.

Capítulo 6

Convolución de funciones

La convolución es una herramienta importante para aproximar funciones mediante otras con mejores propiedades y juega un papel esencial en el estudio de la transformada de Fourier. Al igual que en el capítulo 5, a partir de ahora el cuerpo de escalares es $\mathbb{K} = \mathbb{C}$, es decir, todas las funciones toman valores complejos.

Definición 6.1. *Dadas $f, g \in L^1(\mathbb{R}^d)$, la convolución de f y g es la función definida para casi todo x como*

$$(f * g)(x) = \int_{\mathbb{R}^d} f(x - y) g(y) \, dy.$$

Por ejemplo, si $d = 1$ y g es la función característica del intervalo $\left(-\frac{1}{2}, \frac{1}{2}\right)$ entonces

$$(f * g)(x) = \int_{x - \frac{1}{2}}^{x + \frac{1}{2}} f(y) \, dy$$

es el promedio de la función f en el intervalo $\left(x - \frac{1}{2}, x + \frac{1}{2}\right)$.

Proposición 6.2. *Sean $f, g \in L^1(\mathbb{R}^d)$. La función $f * g$ está bien definida (casi por todas partes). Además $f * g \in L^1(\mathbb{R}^d)$ y*

$$\|f * g\|_1 \leq \|f\|_1 \cdot \|g\|_1.$$

Demostración. La función $h(x, y) = f(x - y) g(y)$ es medible y además

$$\int_{\mathbb{R}^d} \left(\int_{\mathbb{R}^d} |f(x - y)| \cdot |g(y)| \, dx \right) dy = \int_{\mathbb{R}^d} |g(y)| \left(\int_{\mathbb{R}^d} |f(x - y)| \, dx \right) dy$$

$$= \left(\int_{\mathbb{R}^d} |g(y)| \, dy \right) \cdot \left(\int_{\mathbb{R}^d} |f(x)| \, dx \right) < \infty.$$

Se sigue del teorema de Tonelli-Hobson que h es integrable en $\mathbb{R}^{2d}$. Por el teorema de Fubini, la función

$$y \to f(x-y)g(y)$$

es integrable Lebesgue para casi todo $x \in \mathbb{R}^d$, así que $(f * g)(x)$ está bien definida cpp y la función

$$x \to \int_{\mathbb{R}^d} f(x-y)g(y)\,dy = (f * g)(x)$$

es integrable Lebesgue en $\mathbb{R}^d$, lo que significa que $f * g \in L^1(\mathbb{R}^d)$. Además $\|f * g\|_1$ es menor o igual que

$$\int_{\mathbb{R}^d} \left(\int_{\mathbb{R}^d} |f(x-y)| \cdot |g(y)|\,dy \right) dx = \|f\|_1 \cdot \|g\|_1.$$

$\square$

Proposición 6.3. $\left(L^1(\mathbb{R}^d), *\right)$ *es un álgebra conmutativa, es decir, para cualesquiera* $f, g, h \in L^1(\mathbb{R}^d)$ *y* $\alpha \in \mathbb{C}$ *se cumple*

(1) $f * (g + h) = f * g + f * h$

(2) $\alpha \cdot (f * g) = f * (\alpha g) = (\alpha f) * g$

(3) $f * g = g * f$

(4) $(f * g) * h = f * (g * h)$

Demostración. Las propiedades (1) y (2) son obvias.

(3) Mediante un cambio de variable en la integral obtenemos

$$(g * f)(x) = \int_{\mathbb{R}^d} g(x-y)f(y)\,dy = \int_{\mathbb{R}^d} g(t)f(x-t)\,dt = (f * g)(x).$$

(4) Observamos que

$$((f * g) * h)(x) = \int_{\mathbb{R}^d} (f * g)(y)h(x-y)\,dy = \int_{\mathbb{R}^d} \left(\int_{\mathbb{R}^d} f(t)g(y-t)\,dt \right) h(x-y)\,dy.$$

De nuevo, los teoremas de Tonelli-Hobson y de Fubini permiten intercambiar el orden de integración, de modo que

$$((f * g) * h)(x) = \int_{\mathbb{R}^d} f(t) \left(\int_{\mathbb{R}^d} g(y-t)h(x-y)\,dy \right) dt$$

y como la integral es invariante por traslaciones obtenemos

$$((f * g) * h)(x) = \int_{\mathbb{R}^d} f(t) \left(\int_{\mathbb{R}^d} g(s)h(x - t - s) \, ds \right) dt$$

$$= \int_{\mathbb{R}^d} f(t)(g * h)(x - t) \, dt = (f * (g * h))(x).$$

$\square$

Teorema 6.4. $L^1(\mathbb{R}^d)$ *es un álgebra de Banach conmutativa.*

Esto quiere decir que $\left(L^1(\mathbb{R}^d), * \right)$ es un álgebra conmutativa (proposición 6.3), $\left(L^1(\mathbb{R}^d), \| \cdot \|_1 \right)$ es un espacio de Banach (teorema 1.4.4) y además

$$\| f * g \|_1 \leq \| f \|_1 \cdot \| g \|_1.$$

Una de las propiedades más interesante de la convolución es que, bajo ciertas condiciones, hereda las propiedades de continuidad y/o derivabilidad de cualquiera de los dos factores. Enunciamos sin demostración el teorema de derivación paramétrica. Véase por ejemplo [1, Teorema 10.39].

Teorema 6.5. *Sea $F : U \times V \to \mathbb{C}$ una función medible, siendo $U \subset \mathbb{R}^d$ abierto y $V \subset \mathbb{R}^m$ medible.*

(1) *Supongamos que para cada $u \in U$ la función $F(u, \cdot) \in L^1(V)$ y para casi todo $v \in V$ la función $F(\cdot, v)$ es continua, y existe $g \in L^1(V)$ tal que $|F(u,v)| \leq g(v)$. Entonces la función*

$$u \to f(u) := \int_V F(u,v) \, dv$$

es continua en U.

(2) *Supongamos que para casi todo $v \in V$ y todo $1 \leq j \leq d$ existe $\frac{\partial F}{\partial u_j}(u,v)$ para todo u y es continua. Además, supongamos que existe $h \in L^1(V)$ tal que $\left| \frac{\partial F}{\partial u_j}(u,v) \right| \leq h(v)$ para cada $u \in U$. Entonces existe $\frac{\partial f}{\partial u_j}(u)$ y*

$$\frac{\partial f}{\partial u_j}(u) = \int_V \frac{\partial F}{\partial u_j}(u,v) \, dv.$$

Un multi-índice α es una d-tupla $\alpha = (\alpha_1, \ldots, \alpha_d) \in \mathbb{N}_0^d$. Su longitud se denota como $|\alpha| := \alpha_1 + \ldots \alpha_d$. Una función $f : \Omega \subset \mathbb{R}^d \to \mathbb{R}$ es de clase C^m si para todo multi-índice α con $|\alpha| \leq m$ existe

$$D^\alpha f := \partial_{x_1}^{\alpha_1} \ldots \partial_{x_n}^{\alpha_n} f$$

y es una función continua en Ω. Diremos que $f \in C^m(\Omega)$.

El soporte de una función continua $f : \mathbb{R}^d \to \mathbb{C}$ es el conjunto

$$\text{sop} f := \overline{\{x \in \mathbb{R}^d : f(x) \neq 0\}}.$$

La función f tiene soporte compacto si, y solo si, se anula fuera de alguna bola.

Denotamos por $C(\mathbb{R}^d)$ el conjunto de las funciones continuas $f : \mathbb{R}^d \to \mathbb{C}$ y por $C_c(\mathbb{R}^d)$ el subespacio formado por las funciones continuas que tienen soporte compacto.

Teorema 6.6. Sean $f \in L^1(\mathbb{R}^d)$ y $g \in C_c(\mathbb{R}^d)$. Entonces $f * g \in C(\mathbb{R}^d)$. Si además $g \in C^m(\mathbb{R}^d)$ entonces $f * g \in C^m(\mathbb{R}^d)$ y

$$D^\alpha(f * g) = f * D^\alpha g$$

para todo $\alpha \in \mathbb{N}_0^d, |\alpha| \leq m$.

Demostración. Sea K el soporte de g, que por hipótesis es un conjunto compacto. Si $g \in C(\mathbb{R}^d)$ se sigue del teorema 6.5 (1) que $f * g$ es una función continua. Supongamos ahora que $g \in C^m(\mathbb{R}^d)$. Pretendemos aplicar el resultado de derivación paramétrica (teorema 6.5 (2)) a

$$(f * g)(x) = \int_{\mathbb{R}^d} f(t) g(x - t) \, dt.$$

Como g es de clase C^m y tiene soporte compacto, existe

$$C := \max\{\|D^\alpha g\|_\infty : |\alpha| \leq m\} = \max\{|D^\alpha g(s)| : |\alpha| \leq m, s \in K\}.$$

Entonces

$$|f(t) \cdot (D^\alpha g)(x - t)| \leq C |f(t)|$$

para todo $x \in \mathbb{R}^d$. Como la función $|f|$ es integrable, basta aplicar el teorema 6.5 (2) para obtener

$$D^\alpha(f * g)(x) = \int_{\mathbb{R}^d} f(t) \cdot (D^\alpha g)(x - t) \, dt = (f * D^\alpha g)(x)$$

para cada $\alpha \in \mathbb{N}_0^d, |\alpha| \leq m$. Además, por el teorema 6.5 (1), $f * D^\alpha g$ es una función continua, lo que prueba que $f * g \in C^m(\mathbb{R}^d)$. $\qquad \square$

Veamos ahora que no existe ninguna función integrable u con la propiedad de que $u * f = f$ para toda función integrable. Veremos después que, sin embargo, podemos aproximarnos en cierto sentido a la unidad.

Proposición 6.7. *El álgebra de Banach $L^1(\mathbb{R}^d)$ no tiene unidad, es decir, no existe ninguna función $u \in L^1(\mathbb{R}^d)$ tal que*

$$u * f = f \quad \forall f \in L^1(\mathbb{R}^d).$$

Demostración. Supongamos que existe $u \in L^1(\mathbb{R}^d)$ tal que $u * f = f$ para cada $f \in L^1(\mathbb{R}^d)$. Tomamos $\delta > 0$ lo suficientemente pequeño para que

$$\int_{B_\delta} |u(t)| \, dt \leq \frac{1}{2},$$

donde B_δ denota la bola de centro el origen y radio δ. Sea $\varphi : \mathbb{R} \to \mathbb{R}$ una función continua con soporte en $[-\delta, \delta]$ tal que $\varphi(0) = 1$ y $0 \leq \varphi \leq 1$ y consideramos $f(x) = \varphi(\|x\|)$. Entonces f es continua en $\mathbb{R}^d$, se anula fuera de la bola B_δ, $0 \leq f \leq 1$ y $f(0) = 1$. Por hipótesis, $f = f * u$ como elementos de $L^1(\mathbb{R}^d)$, por tanto coinciden cpp, pero como ambas funciones son continuas concluimos $f(x) = (u * f)(x)$ para todo $x \in \mathbb{R}^d$. En particular

$$1 = f(0) = (u * f)(0) = \int_{B_\delta} f(t)u(-t) \, dt \leq \int_{B_\delta} |u(-t)| \, dt \leq \frac{1}{2},$$

lo que es una contradicción. $\qquad\square$

Definición 6.8. *Un aproximante de la identidad en $L^1(\mathbb{R}^d)$ es una sucesión de funciones $(K_n)_n$ de la forma*

$$K_n(x) = n^d h(nx)$$

siendo $h \in L^1(\mathbb{R}^d)$ una función que cumple $h \geq 0$ y $\int_{\mathbb{R}^d} h(x) \, dx = 1$.

Lema 6.9. *La sucesión $(K_n)_n$ de la definición 6.8 cumple:*

1. $\int_{\mathbb{R}^d} K_n(x) \, dx = 1.$

2. $\displaystyle\lim_n \int_{\|x\| \geq \delta} K_n(x) \, dx = 0$ *para todo $\delta > 0$.*

Demostración. Basta hacer el cambio de variable $nx = t$ para obtener

$$\int_{\mathbb{R}^d} K_n(x) \, dx = \int_{\mathbb{R}^d} h(t) \, dt = 1$$

y también

$$\int_{\|x\| \geq \delta} K_n(x) \, dx = \int_{\|t\| \geq n\delta} h(t) \, dt.$$

La conclusión se sigue del hecho de que h es integrable Lebesgue. $\qquad\square$

Ejemplo 6.10. La gaussiana $h(x) = e^{-\pi \|x\|^2}$, $x \in \mathbb{R}^d$, siendo $\| \cdot \|$ la norma euclídea en $\mathbb{R}^d$, cumple las condiciones de la definición 6.8.

En efecto, basta comprobar que $\displaystyle\int_{\mathbb{R}^d} h(x)\, dx = 1$.

En el caso $d = 1$, denotamos $g(x) = e^{-\pi x^2}$. Se sigue del teorema de Fubini y un cambio a coordenadas polares que

$$\left(\int_{\mathbb{R}} g(x)\, dx \right)^2 = \iint_{\mathbb{R}^2} e^{-\pi(x^2 + y^2)}\, d(x, y) = 2\pi \int_0^\infty e^{-\pi \rho^2} \rho\, d\rho$$

$$= \int_0^\infty e^{-t}\, dt = 1.$$

Cuando $d > 1$ observamos que $h(x) = \displaystyle\prod_{j=1}^d g(x_j)$. Usando otra vez el teorema de Fubini se tiene

$$\int_{\mathbb{R}^d} h(x)\, dx = \prod_{j=1}^d \int_{\mathbb{R}} g(x_j)\, dx_j = 1. \quad \square$$

Especialmente relevantes son los aproximantes de la identidad obtenidos a partir de funciones C^∞ con soporte compacto.

Ejemplo 6.11. Existen funciones de clase C^∞ y con soporte en la bola unidad cerrada de $\mathbb{R}^d$ que cumplen las condiciones de la definición 6.8.

Consideramos $\varphi : \mathbb{R} \to \mathbb{R}$ la función de clase C^∞ definida como $\varphi(t) = \exp(-\frac{1}{t})$ cuando $t > 0$ y $\varphi(t) = 0$ cuando $t \leq 0$. Entonces $\psi(t) = \varphi(1 + t)\varphi(1 - t)$ también es de clase C^∞ y está soportada en el intervalo $[-1, 1]$. La función $f(x) = \psi\left(\|x\|^2\right)$, $x \in \mathbb{R}^d$, es positiva, de clase C^∞ y con soporte en la bola unidad cerrada. Si tomamos

$$\alpha := \int_{\mathbb{R}^d} f(x)\, dx > 0$$

entonces $h = \alpha^{-1} f$ es la función buscada. $\square$

Observamos que si $K_n(x) = n^d h(nx)$ siendo h la función del ejemplo 6.11 entonces K_n está soportada en la bola cerrada de radio $\frac{1}{n}$ pero su integral vale 1, independientemente del valor de n.

En ingeniería es habitual hablar de la *señal impulso unidad*, o Delta de Dirac, como una *función* δ que cumple

$$\delta(x) = 0 \ \ \forall x \neq 0, \quad \delta(0) = \infty, \quad \int_{\mathbb{R}^d} \delta(x)\, dx = 1.$$

Evidentemente, no existe tal función ya que la condición de ser nula cpp es contradictoria con la exigencia de que su integral valga 1. Observemos, sin embargo, que si h es una función como en el ejemplo 6.11 que cumple $h(0) > 0$ entonces el aproximante de la unidad $(K_n)_n$ definido como $K_n(x) = n^d h(nx)$ cumple que $\int_{\mathbb{R}^d} K_n(x)\, dx = 1$ para todo $n \in \mathbb{N}$ y además

$$\lim_n K_n(x) = \begin{cases} 0, & x \neq 0 \\ \infty, & x = 0 \end{cases}$$

Esto quiere decir que podemos pensar en la Delta de Dirac como el límite (en un cierto sentido que está fuera de los objetivos del libro) de la sucesión de funciones $(K_n)_n$. Para una definición precisa véase el ejemplo 7.4.9.

Denotamos

$$C_c^\infty(\mathbb{R}^d) = \left\{ f : \mathbb{R}^d \to \mathbb{C} : f \text{ es de clase } C^\infty \text{ y tiene soporte compacto} \right\}.$$

Claramente

$$C_c^\infty(\mathbb{R}^d) \subset C_c(\mathbb{R}^d) \subset L^p(\mathbb{R}^d)$$

para todo $1 \leq p < \infty$.

Para su uso posterior veamos ahora algunos resultados de densidad. Por un intervalo en $\mathbb{R}^d$ entenderemos el producto de d intervalos en $\mathbb{R}$.

Lema 6.12. *Para cada $1 \leq p < \infty$ se cumple que $C_c(\mathbb{R}^d)$ es denso en $L^p(\mathbb{R}^d)$.*

Demostración. Descomponiendo las funciones en sus partes real e imaginaria, es claro que podemos limitarnos a trabajar con funciones que toman valores reales. Procedemos en dos etapas.

Primero probamos que las funciones escalonadas son densas en $L^p(\mathbb{R}^d)$. Si $f \in L^p(\mathbb{R}^d)$ está acotada ($|f| \leq M$ cpp) y se anula cpp fuera de un intervalo acotado I entonces $f \in L^1(I)$ y existe una sucesión $(\varphi_n)_n$ de funciones escalonadas que converge puntualmente cpp a f. Sin pérdida de generalidad podemos suponer que $|\varphi_n| \leq M$ cpp y φ_n se anula fuera de I para todo $n \in \mathbb{N}$. Entonces

$$|\varphi_n - f|^p \leq (2M)^p \chi_I,$$

lo que permite aplicar el teorema de la convergencia dominada para concluir

$$\lim_n \int_{\mathbb{R}^d} |\varphi_n(x) - f(x)|^p\, dx = 0.$$

111

Si $f \in L^p(\mathbb{R}^d)$ es arbitraria, consideramos $f_n(x) = f(x)$ si $|f(x)| < n$ y $\|x\|_\infty < n$, $f_n(x) = 0$ en otro caso. Entonces $\lim_n f_n(x) = f(x)$ puntualmente y $|f_n - f|^p \leq |f|^p$. De nuevo el teorema de la convergencia dominada permite concluir

$$\lim_n \int_{\mathbb{R}^d} |f(x) - f_n(x)|^p \, dx = 0.$$

Por último, dado $\varepsilon > 0$ encontramos $n_0 \in \mathbb{N}$ tal que $\|f - f_{n_0}\|_p < \frac{\varepsilon}{2}$. Como f_{n_0} está acotada y se anula fuera de un intervalo acotado, existe φ escalonada tal que $\|f_{n_0} - \varphi\|_p < \frac{\varepsilon}{2}$, de donde se sigue $\|f - \varphi\|_p < \varepsilon$. Queda probado que las funciones escalonadas son densas en $L^p(\mathbb{R}^d)$.

Para terminar es suficiente probar que la función característica de un intervalo acotado se puede aproximar en la norma $\|\cdot\|_p$ mediante funciones continuas con soporte compacto. Sea pues E un intervalo abierto acotado en $\mathbb{R}^d$ y $f = \chi_E$. Dado $\varepsilon > 0$ consideramos el conjunto cerrado $F = \mathbb{R}^d \setminus E$ y un subintervalo cerrado $I \subset E$ tal que $m(E \setminus I) < \varepsilon$, siendo m la medida de Lebesgue. Ahora definimos

$$g(x) = \frac{d(x,F)}{d(x,I) + d(x,F)}.$$

Observamos que el denominador no se anula, de modo que $g : \mathbb{R}^d \to \mathbb{R}$ es una función continua. Además $g(x) = 0$ si $x \notin E$ mientras que $g(x) = 1$ si $x \in I$. De este modo

$$\|g - f\|_p^p = \int_{\mathbb{R}^d} |g(x) - f(x)|^p \, dx \leq \int_{E \setminus I} dx = m(E \setminus I) < \varepsilon.$$

$\square$

El siguiente resultado explica la expresión *aproximante de la identidad*.

Teorema 6.13. *Sea $(K_n)_n$ un aproximante de la identidad. Se cumple*

(1) Si $f \in C_c(\mathbb{R}^d)$ entonces $\lim_n \|f - f * K_n\|_\infty = 0$.

(2) Si $f \in L^1(\mathbb{R}^d)$ entonces $\lim_n \|f - f * K_n\|_1 = 0$.

Demostración. (1) Sea $f \in C_c(\mathbb{R}^d)$. Por ser f continua y tener soporte compacto concluimos que $f * K_n$ es una función continua para todo $n \in \mathbb{N}$ (teorema 6.6). Ahora observamos que

$$f(x) = \int_{\mathbb{R}^d} f(x) K_n(t) \, dt, \quad (f * K_n)(x) = \int_{\mathbb{R}^d} f(x-t) K_n(t) \, dt.$$

Por tanto

$$|f(x) - f * K_n(x)| \leq \int_{\mathbb{R}^d} |f(x) - f(x-t)| \cdot K_n(t)\, dt.$$

Al ser f uniformemente continua en $\mathbb{R}^d$, dado $\varepsilon > 0$ existe $\delta > 0$ tal que si $\|t\| < \delta$ entonces

$$|f(x) - f(x-t)| < \frac{\varepsilon}{2}$$

para todo $x \in \mathbb{R}^d$. Por tanto

$$|f(x) - f * K_n(x)| \leq \left(\int_{\|t\|<\delta} + \int_{\|t\|>\delta} \right) |f(x) - f(x-t)| \cdot K_n(t)\, dt$$

$$\leq \frac{\varepsilon}{2} + 2\|f\|_\infty \int_{\|t\|>\delta} K_n(t)\, dt.$$

Por el lema 6.9 existe n_0 tal que si $n \geq n_0$ entonces

$$2\|f\|_\infty \int_{\|t\|>\delta} K_n(t)\, dt < \frac{\varepsilon}{2}$$

y, en consecuencia, $\|f - f * K_n\|_\infty < \varepsilon$.

(2) Sea $f \in L^1(\mathbb{R}^d)$. Dado $\varepsilon > 0$, por el lema 6.12, existe g continua y de soporte compacto tal que

$$\|f - g\|_1 < \frac{\varepsilon}{3}.$$

Se sigue que

$$\|f * K_n - g * K_n\|_1 \leq \|f - g\|_1 \cdot \|K_n\|_1 = \|f - g\|_1 \leq \frac{\varepsilon}{3}.$$

Entonces $\|f - f * K_n\|_1$ es menor o igual que

$$\|f - g\|_1 + \|f * K_n - g * K_n\|_1 + \|g - g * K_n\|_1 \leq \frac{2\varepsilon}{3} + \|g - g * K_n\|_1.$$

Ahora comprobaremos que $\lim_n \|g - g * K_n\|_1 = 0$. Con esto habremos terminado la demostración: si tomamos $n_0 \in \mathbb{N}$ tal que $\|g - g * K_n\|_1 \leq \frac{\varepsilon}{3}$ $\forall n \geq n_0$ entonces

$$\|f - f * K_n\|_1 \leq \varepsilon \quad \forall n \geq n_0.$$

Prueba de que $\lim_n \|g - g * K_n\|_1 = 0$:

Sea $M > 0$ tal que el soporte de g está contenido en la bola de centro el origen y radio M. Ahora

$$\|g - g * K_n\|_1 \leq \int_{\|t\|\leq 2M} |g(t) - (g * K_n)(t)|\, dt + \int_{\|t\|>2M} |g(t) - (g * K_n)(t)|\, dt.$$

113

La primera integral se puede acotar por $m(B_{2M}) \cdot \|g - g * K_n\|_\infty$.

Para estimar la segunda integral, observemos que si $t \notin B_{2M}$, $g(t) = 0$, luego

$$
\int_{\|t\|>2M} |g(t) - (g * K_n)(t)| \, dt = \int_{\|t\|>2M} |(g * K_n)(t)| \, dt
$$

$$
= \int_{\|t\|>2M} \left| \int_{\|u\|\leq M} g(u) K_n(t-u) \, du \right| \, dt
$$

$$
\leq \int_{\|u\|\leq M} |g(u)| \left(\int_{\|t\|>2M} K_n(t-u) \, dt \right) du.
$$

El intercambio de integrales se justifica por los teoremas de Tonelli-Hobson y Fubini. Ahora bien, si $\|u\| \leq M$ y $\|t\| \geq 2M$ tenemos que $\|t - u\| \geq \|t\| - \|u\| \geq M$, por lo que haciendo (para cada u) el cambio $s = t - u$ queda que

$$
\int_{\|u\|\leq M} |g(u)| \left(\int_{\|t\|>2M} K_n(t-u) \, dt \right) du
$$

es menor o igual que

$$
\int_{\|u\|\leq M} |g(u)| \left(\int_{\|s\|>M} K_n(s) \, ds \right) du \leq \|g\|_1 \cdot \int_{\|s\|>M} K_n(s) \, ds.
$$

En resumen,

$$
\|g - g * K_n\|_1 \leq m(B_{2M}) \|g - g * K_n\|_\infty + \|g\|_1 \cdot \int_{\|s\|>M} K_n(s) \, ds,
$$

que tiende a cero cuando $n \to \infty$. $\qquad\square$

Lema 6.14. *Si $f, g \in C_c(\mathbb{R}^d)$ entonces $f * g \in C_c(\mathbb{R}^d)$.*

Demostración. Existe una constante $A > 0$ tal que $\|x\| \geq A$ implica $f(x) = g(x) = 0$. Probaremos que $(f * g)(x) = 0$ siempre que $\|x\| \geq 2A$. En efecto, si $\|x\| \geq 2A$ entonces

$$
(f * g)(x) = \int_{\|t\|\leq A} f(t) g(x-t) \, dt = 0,
$$

ya que si $\|t\| \leq A$ entonces $\|x - t\| \geq \|x\| - \|t\| \geq 2A - A = A$, y por tanto $g(x-t) = 0$. $\qquad\square$

Teorema 6.15. *Para cada $1 \leq p < \infty$, el subespacio $C_c^\infty(\mathbb{R}^d)$ es denso en $L^p(\mathbb{R}^d)$.*

Demostración. Por el lema 6.12, las funciones continuas con soporte compacto son densas en $L^p(\mathbb{R}^d)$. Por tanto es suficiente probar que toda función $f \in C_c(\mathbb{R}^d)$ se puede aproximar tanto como se quiera, en la norma $\|\cdot\|_p$, mediante funciones en $C_c^\infty(\mathbb{R}^d)$.

Sea h una función como en el ejemplo 6.11 y consideramos el aproximante de la identidad $(K_n)_n$ dado por $K_n(x) = n^d h(nx)$. Entonces, por el teorema 6.6 y el lema 6.14, para cada $f \in C_c(\mathbb{R}^d)$ se cumple que $f * K_n \in C_c^\infty(\mathbb{R}^d)$. Además, los soportes de f y de $f * K_n$ están contenidos en un conjunto compacto K que no depende de n. Puesto que

$$\|f - f * K_n\|_p^p = \int_K |f(x) - (f * K_n)(x)|^p \, dx \leq m(K)\|f - f * K_n\|_\infty^p,$$

deducimos del teorema 6.13 (1) que

$$\lim_n \|f - f * K_n\|_p = 0.$$

$\square$

Analizando la demostración del lema 6.12 y del teorema 6.15 está claro que se tiene el siguiente resultado. Se usará en la demostración del teorema 7.3.2.

Corolario 6.16. *Si $f \in L^1(\mathbb{R}^d) \cap L^2(\mathbb{R}^d)$ entonces existe una sucesión $(f_n)_n \subset C_c^\infty(\mathbb{R}^d)$ tal que*
$$\lim_n \|f - f_n\|_1 = \lim_n \|f - f_n\|_2 = 0.$$

6.1. Ejercicios

Ejercicio 6.1. Para $a > 0$, calcular la convolución $\chi_{(-1,1)} * \chi_{(-a,a)}$.

Ejercicio 6.2. Para cada $n \in \mathbb{N}$ se define $h_n(x) = \frac{n}{2}e^{-n|x|}$. Demostrar que dada $f \in L^1(\mathbb{R})$, la sucesión $(f * h_n)_n$ converge a f en $L^1(\mathbb{R})$.

Ejercicio 6.3. Sea $f \in L^1(\mathbb{R})$. Usando aproximantes de la identidad, demostrar que si
$$\int_{-\infty}^{\infty} f(x)\Phi(x)\,dx = 0$$
para cada $\Phi \in C_c^\infty(\mathbb{R})$ entonces $f(x) = 0$ para casi todo x.

Ejercicio 6.4. Calcula $f * f$ siendo
$$f : \mathbb{R}^2 \to \mathbb{R}, \ f(x,y) = e^{-x-y}\chi_\Omega(x,y), \ \Omega = (0,\infty) \times (0,\infty).$$

Capítulo 7

Transformada de Fourier

7.1. La transformada de Fourier en $L^1(\mathbb{R}^d)$.

Las series de Fourier permiten descomponer funciones periódicas como sumas de senos y cosenos. Para poder descomponer funciones definidas en todo $\mathbb{R}$ y no periódicas en términos de funciones periódicas *elementales*, usaremos la transformada de Fourier.

Vamos a dar un argumento heurístico como motivación. Dada $f : \mathbb{R} \to \mathbb{C}$, consideramos la función de período $T = 2\ell$ que coincide con f en $[-\ell, \ell]$ y cuya serie de Fourier en forma compleja viene dada por (véase la sección 5.5).

$$\sum_{n \in \mathbb{Z}} \left(\frac{1}{2\ell} \int_{-\ell}^{\ell} f(t) e^{-\pi i n t / \ell} \, dt \right) e^{\pi i n x / \ell}.$$

Si fijamos $x \in \mathbb{R}$ y denotamos

$$h(\xi) = \left(\int_{-\ell}^{\ell} f(t) e^{-2\pi i t \xi} \, dt \right) e^{2\pi i \xi x} \quad \text{y} \quad \xi_n = \frac{n}{2\ell}$$

entonces la serie anterior toma la forma

$$\sum_{n \in \mathbb{Z}} (\xi_n - \xi_{n-1}) h(\xi_n),$$

que se parece a una suma de Riemann. Tomando límites cuando $\ell \to \infty$ obtendremos *formalmente* la igualdad

$$f(x) = \int_{-\infty}^{\infty} \left(\int_{-\infty}^{\infty} f(t) e^{-2\pi i t \xi} \, dt \right) e^{2\pi i x \xi} \, d\xi. \tag{7.1.1}$$

La primera de las dos integrales iteradas de la expresión anterior es la transformada de Fourier de f que representaremos mediante $\widehat{f}(\xi)$, y la expresión completa es la que, al menos formalmente, recupera f a partir de $\widehat{f}$.

En las aplicaciones a física o ingeniería, y centrándonos en el caso $d = 1$, la variable x representa el tiempo, $f(x)$ puede ser la amplitud de un voltaje o una onda de sonido, por ejemplo, y ξ representa la frecuencia de oscilación de la función periódica $x \mapsto e^{2\pi i x \xi}$. En este caso la función f también se llama *señal* y la expresión (7.1.1) descompone f en términos de funciones periódicas oscilando a distintas frecuencias (véase el teorema 7.1.11). El valor absoluto de $\widehat{f}(\xi)$ mide la importancia de la frecuencia ξ en la descomposición de la señal.

La siguiente definición se puede ver como una versión continua de los coeficientes de Fourier de una función en $L^1(\mathbb{T})$.

Definición 7.1.1. *Dada $f \in L^1(\mathbb{R}^d)$ su transformada de Fourier es la función $\widehat{f} \colon \mathbb{R}^d \to \mathbb{C}$ definida como*

$$\widehat{f}(\xi) = \int_{\mathbb{R}^d} f(x) e^{-2\pi i \xi x} dx$$

donde $\xi x = \xi_1 x_1 + \ldots + \xi_d x_d$.

La definición de la transformada de Fourier varía según los textos. Muchos de ellos definen

$$\widehat{f}(\xi) = \int_{\mathbb{R}^d} f(x) e^{-i \xi x} dx,$$

sin el término 2π en el exponente. La fórmula de inversión queda entonces

$$f(x) = \frac{1}{(2\pi)^d} \int_{\mathbb{R}^d} \widehat{f}(\xi) e^{i \xi x} d\xi.$$

Otros textos definen

$$\widehat{f}(\xi) = \frac{1}{(2\pi)^{d/2}} \int_{\mathbb{R}^d} f(x) e^{-i \xi x} dx,$$

con lo cual la fórmula de inversión queda

$$f(x) = \frac{1}{(2\pi)^{d/2}} \int_{\mathbb{R}^d} \widehat{f}(\xi) e^{i \xi x} d\xi.$$

Esto no supone ningún problema, ya que es muy sencillo relacionar entre sí las distintas variantes que hay.

La transformación de Fourier está bien definida porque $x \mapsto f(x)e^{-2\pi i \xi x}$ es medible y su valor absoluto coincide con el de $|f|$, que es integrable Lebesgue. Además

$$|\widehat{f}(\xi)| \leq \|f\|_1.$$

Es obvio que la transformada de Fourier es lineal:

$$\widehat{\alpha f + \beta g} = \alpha \widehat{f} + \beta \widehat{g},$$

para cualesquiera $\alpha, \beta \in \mathbb{C}$ y $f, g \in L^1(\mathbb{R}^d)$.

Ejemplo 7.1.2. La transformada de Fourier de $f = \chi_{(-1,1)}$ es

$$\widehat{f}(\xi) = \int_{-1}^{1} e^{-2\pi i \xi x} dx = \frac{\sin(2\pi\xi)}{\pi\xi}$$

para $\xi \neq 0$ y $\widehat{f}(0) = 2$.

El ejemplo 7.1.2 pone de manifiesto que, en general, no podemos esperar que $\widehat{f}$ sea integrable.

Lema 7.1.3 (Integración por partes)**.** *Sean $f, g \in C^\infty(\mathbb{R}^d)$ y supongamos que g tiene soporte compacto. Entonces, para cada $\alpha \in \mathbb{N}_0^d$,*

$$\int_{\mathbb{R}^d} f(x) \cdot (D^\alpha g)(x) \, dx = (-1)^{|\alpha|} \int_{\mathbb{R}^d} (D^\alpha f)(x) \cdot g(x) \, dx.$$

Demostración. Observamos que las integrales anteriores existen como integrales de Lebesgue porque el integrando es una función continua que se anula fuera de un conjunto compacto. Por recurrencia sobre $|\alpha|$ es suficiente probar que

$$\int_{\mathbb{R}^d} f(x) \cdot \frac{\partial g}{\partial x_k}(x) \, dx = -\int_{\mathbb{R}^d} \frac{\partial f}{\partial x_k}(x) \cdot g(x) \, dx.$$

para todo $1 \leq k \leq d$. Además, el teorema de Fubini permite reducir la demostración al caso $d = 1$. Supongamos pues que $f, g \in C^\infty(\mathbb{R})$ y además g se anula fuera de un intervalo acotado $[a,b]$. Entonces, puesto que $g(a) = g(b) = 0$, se tiene

$$\int_{\mathbb{R}} f(x)g'(x) \, dx = \int_a^b f(x)g'(x) \, dx = f(x)g(x)\Big|_a^b - \int_a^b f'(x)g(x) \, dx$$

$$= -\int_{\mathbb{R}} f'(x)g(x) \, dx.$$

$\square$

Denotaremos

$$C_0(\mathbb{R}^d) := \left\{ f : \mathbb{R}^d \to \mathbb{C} : f \text{ es continua y } \lim_{|x| \to \infty} f(x) = 0 \right\}.$$

Aquí $|\cdot|$ representa cualquier norma en $\mathbb{R}^d$. Por el teorema 1.3.2, la definición no depende de la norma elegida.

El siguiente resultado es similar al lema 5.4.2 en este contexto.

Teorema 7.1.4. *Si $f \in L^1(\mathbb{R}^d)$ entonces $\widehat{f} \in C_0(\mathbb{R}^d)$.*

Demostración. Para ver que $\widehat{f}$ es continua fijemos $\xi_0 \in \mathbb{R}^d$ y una sucesión $(\xi_n)_n$ con

$$\lim_n \xi_n = \xi_0.$$

La sucesión de funciones integrables $f_n(x) := f(x)e^{-2\pi i \xi_n x}$ converge puntualmente a $f(x)e^{-2\pi i \xi_0 x}$ y, como $|f_n(x)| = |f(x)|$ para todo n, se sigue del teorema de la convergencia dominada que

$$\lim_n \widehat{f}(\xi_n) = \lim_n \int_{\mathbb{R}^d} f(x)e^{-2\pi i \xi_n x} dx = \int_{\mathbb{R}^d} f(x)e^{-2\pi i \xi_0 x} dx = \widehat{f}(\xi_0).$$

Veamos ahora que $\widehat{f}$ tiene límite cero en el infinito. Para cada $\varepsilon > 0$, por el teorema 6.15, existe $g \in C_c^\infty(\mathbb{R}^d)$ tal que

$$\|f - g\|_1 \leq \varepsilon/2.$$

Tomemos $M > 0$ tal que

$$\max\left\{ \|\frac{\partial g}{\partial x_j}\|_1 : 1 \leq j \leq d \right\} \leq M\frac{\varepsilon}{2}.$$

Si $\xi \in \mathbb{R}^d$ y $\|\xi\|_\infty > M$ entonces $|\xi_k| > M$ para algún $1 \leq k \leq d$ y, por el lema 7.1.3, obtenemos

$$M|\widehat{g}(\xi)| \leq \left| \xi_k \int_{\mathbb{R}^d} g(x)e^{-2\pi i \xi x} dx \right| = \frac{1}{2\pi} \left| \int_{\mathbb{R}^d} g(x)\frac{\partial}{\partial x_k}\left(e^{-2\pi i \xi x}\right) dx \right|$$

$$\leq \left| \int_{\mathbb{R}^d} \frac{\partial g}{\partial x_k}(x)e^{-2\pi i \xi x} dx \right| \leq \max\left\{ \|\frac{\partial g}{\partial x_j}\|_1 : 1 \leq j \leq d \right\} \leq M\frac{\varepsilon}{2}.$$

Esto es,

$$|\widehat{g}(\xi)| \leq \frac{\varepsilon}{2}.$$

Por tanto,

$$\left|\widehat{f}(\xi)\right| \le \left|\widehat{f}(\xi) - \widehat{g}(\xi)\right| + |\widehat{g}(\xi)| \le \|f - g\|_1 + |\widehat{g}(\xi)| \le \varepsilon.$$

$\square$

El ejemplo siguiente necesita conocimientos de variable compleja.

Ejemplo 7.1.5. Sea $f(x) = \frac{1}{x^2+a^2}$, $a > 0$. Si $\xi < 0$ entonces por el teorema del residuo

$$\widehat{f}(\xi) = \int_{-\infty}^{\infty} \frac{e^{-2\pi i \xi x}}{x^2 + a^2} dx = 2\pi i \operatorname{Res}\left(\frac{e^{-2\pi i \xi z}}{x^2 + a^2}, ai\right) = \frac{\pi}{a} e^{2\pi \xi a} = \frac{\pi}{a} e^{-2\pi |\xi| a}.$$

Para $\xi > 0$ y como f es par queda $\widehat{f}(\xi) = \widehat{f}(-\xi)$. Por tanto, para $\xi \ne 0$,

$$\widehat{f}(\xi) = \frac{\pi}{a} e^{-2\pi |\xi| a}.$$

Usando la continuidad de $\widehat{f}$ (teorema 7.1.4) queda $\widehat{f}(0) = \frac{\pi}{a}$. $\square$

Sin embargo, el cálculo de la transformada de Fourier de $g(x) = \frac{\pi}{a} e^{-2\pi |\xi| a}$ es fácil y se obtiene que $\widehat{g}(\xi) = \frac{1}{\xi^2 + a^2}$. La fórmula de inversión (teorema 7.1.11) que demostraremos más adelante nos permitirá afirmar que g es la transformada de Fourier de $f(x) = \frac{1}{x^2+a^2}$ sin necesidad de usar variable compleja.

A continuación vamos a considerar el comportamiento respecto de la transformación de Fourier de los operadores de traslación T_a y modulación M_a, $a \in \mathbb{R}^d$, y también del operador de dilatación D_λ, $\lambda > 0$ definidos como:

- $T_a : L^1(\mathbb{R}^d) \to L^1(\mathbb{R}^d)$, $(T_a f)(x) := f(x - a)$,

- $M_a : L^1(\mathbb{R}^d) \to L^1(\mathbb{R}^d)$, $(M_a f)(x) := e^{2\pi i a x} f(x)$.

- $D_\lambda : L^1(\mathbb{R}^d) \to L^1(\mathbb{R}^d)$, $(D_\lambda f)(x) = \lambda^d f(\lambda x)$.

Proposición 7.1.6. *Dados* $f \in L^1(\mathbb{R}^d)$, $a \in \mathbb{R}^d$ *y* $\lambda > 0$ *se cumple*

(a) $\widehat{T_a f} = M_{-a} \widehat{f}$,

(b) $\widehat{M_a f} = T_a \widehat{f}$,

(c) $\widehat{D_\lambda f}(\xi) = \widehat{f}\left(\frac{\xi}{\lambda}\right)$.

Demostración. Mediante un cambio de variable en la integral se obtiene

$$\widehat{T_a f}(\xi) = \int_{\mathbb{R}^d} f(x-a)e^{-2\pi i x\xi}\,dx = e^{-2\pi i a\xi}\int_{\mathbb{R}^d} f(x-a)e^{-2\pi i(x-a)\xi}\,dx$$

$$= e^{-2\pi i a\xi}\int_{\mathbb{R}^d} f(t)e^{-2\pi i t\xi}\,dt = e^{-2\pi i a\xi}\,\widehat{f}(\xi).$$

También

$$\widehat{M_a f}(\xi) = \int_{\mathbb{R}^d} e^{2\pi i a x}f(x)e^{-2\pi i x\xi}\,dx = \int_{\mathbb{R}^d} f(x)e^{-2\pi i x(\xi-a)}\,dx$$

$$= \widehat{f}(\xi-a).$$

Por último

$$\widehat{D_\lambda f}(\xi) = \lambda^d \int_{\mathbb{R}^d} f(\lambda x)e^{-2\pi i \xi x}\,dx = \int_{\mathbb{R}^d} f(t)e^{-2\pi i \frac{\xi}{\lambda}t}\,dt$$

$$= \widehat{f}\left(\frac{\xi}{\lambda}\right).$$

$\square$

Si $\widehat{f}$ mide las distintas frecuencias que componen una señal f, (b) nos dice que modular la señal equivale a hacer una traslación en las frecuencias. Esto es fundamental en la transmisión de señales.

La importancia de la convolución en el análisis de Fourier queda reflejada en el siguiente resultado.

Teorema 7.1.7. *Dadas* $f, g \in L^1(\mathbb{R}^d)$ *se tiene que* $\widehat{f * g}(\xi) = \widehat{f}(\xi) \cdot \widehat{g}(\xi)$.

Demostración. Por el teorema de Tonelli-Hobson, para cada $\xi \in \mathbb{R}^d$, la función

$$(x,t) \mapsto f(x-t)g(t)e^{-2\pi i x\xi}$$

es integrable Lebesgue en $\mathbb{R}^{2d}$. El teorema de Fubini permite concluir

$$\widehat{f * g}(\xi) = \int_{\mathbb{R}^d}\left(\int_{\mathbb{R}^d} f(x-t)g(t)\,dt\right)e^{-2\pi i x\xi}\,dx$$

$$= \int_{\mathbb{R}^d}\left(\int_{\mathbb{R}^d} f(x-t)g(t)e^{-2\pi i(x-t)\xi}e^{-2\pi i t\xi}\,dt\right)dx$$

$$= \int_{\mathbb{R}^d}\left(\int_{\mathbb{R}^d} f(x-t)e^{-2\pi i(x-t)\xi}\,dx\right)g(t)e^{-2\pi i t\xi}\,dt$$

$$= \int_{\mathbb{R}^d}\left(\int_{\mathbb{R}^d} f(s)e^{-2\pi i s\xi}\,ds\right)g(t)e^{-2\pi i t\xi}\,dt = \widehat{f}(\xi) \cdot \widehat{g}(\xi).$$

$\square$

Esto proporciona otra demostración de que el álgebra de convolución $L^1(\mathbb{R}^d)$ no tiene unidad. En efecto, si existiera $f \in L^1(\mathbb{R}^d)$ tal que $f * h = h$ para cada $h \in L^1(\mathbb{R}^d)$, tendríamos $f * f = f$, luego $(\widehat{f}(\xi))^2 = \widehat{f}(\xi)$ para cada ξ por lo que o bien $\widehat{f}(\xi) = 0$ o bien $\widehat{f}(\xi) = 1$. Como $\widehat{f}$ es continua y tiene límite 0 en infinito, $\widehat{f} \equiv 0$ pero entonces $\widehat{f} \cdot \widehat{h} \neq \widehat{h}$ si $\widehat{h} \neq 0$.

A continuación estudiamos la relación entre la derivabilidad de la función (o de su transformada) y el decrecimiento de la transformada (o de la función). Para cada multi-índice $\alpha \in \mathbb{N}_0^d$ y $x \in \mathbb{R}^d$ denotamos $x^\alpha := x_1^{\alpha_1} \ldots x_d^{\alpha_d}$, con el convenio $0^0 = 1$.

Teorema 7.1.8. *Si $x^\alpha f(x) \in L^1(\mathbb{R}^d)$ para todo $|\alpha| \leq m$ entonces $\widehat{f} \in C^m(\mathbb{R}^d)$ y además*

$$D^\alpha \widehat{f}(\xi) = (-2\pi i)^{|\alpha|} \widehat{x^\alpha f(x)}(\xi), \quad |\alpha| \leq m.$$

Demostración. Puesto que $\widehat{f}(\xi) = \displaystyle\int_{\mathbb{R}^d} f(x) e^{-2\pi i \xi x} dx$, se sigue del teorema de derivación paramétrica (teorema 6.5) que, para cada $|\alpha| \leq m$, existe

$$D^\alpha \widehat{f}(\xi) = \int_{\mathbb{R}^d} (-2\pi i x)^\alpha f(x) e^{-2\pi i \xi} dx.$$

La continuidad de $D^\alpha \widehat{f}$ es consecuencia del teorema 7.1.4. $\square$

Teorema 7.1.9. *Supongamos que $f \in C^m(\mathbb{R}^d)$ y $D^\alpha f \in L^1(\mathbb{R}^d)$ para todo $|\alpha| \leq m$. Entonces*

$$\widehat{D^\alpha f}(\xi) = (2\pi i \xi)^\alpha \widehat{f}(\xi), \quad |\alpha| \leq m.$$

En particular $\xi^\alpha \widehat{f}(\xi)$ está acotada para todo $|\alpha| \leq m$.

Demostración. Basta observar que

$$\widehat{D^\alpha f}(\xi) = \int_{\mathbb{R}^d} D^\alpha f(x) e^{-2\pi i x \xi} dx \overset{*}{=} (-1)^{|\alpha|} \int_{\mathbb{R}^d} f(x) D_x^\alpha \left(e^{-2\pi i x \xi} \right) dx$$

$$= (2\pi i \xi)^\alpha \int_{\mathbb{R}^d} f(x) e^{-2\pi i x \xi} dx = (2\pi i \xi)^\alpha \widehat{f}(\xi).$$

Para justificar la identidad $(*)$ nos podemos limitar al caso $d = 1$ y a la derivada de primer orden, ya que el caso general se obtiene fácilmente por recurrencia sobre $|\alpha|$ aplicando el teorema de Fubini. Supongamos pues que $f \in C^1(\mathbb{R})$ y además $f, f' \in L^1(\mathbb{R})$. Entonces, para cada $t \in \mathbb{R}$,

$$\int_{\mathbb{R}} f'(x) e^{-2\pi i x t} dx = \lim_n \int_{-n}^n f'(x) e^{-2\pi i x t} dx$$

$$= \lim_n \left(f(x) e^{-2\pi i x t} \Big|_{x=-n}^{x=n} + 2\pi i t \int_{-n}^n f(x) e^{-2\pi i x t} dx \right).$$

Habremos acabado si comprobamos que $\lim\limits_n f(n) = \lim\limits_n f(-n) = 0$. Nos centramos en $\lim\limits_n f(n)$ ya que el otro límite se discute igual. Si no es cierto que $\lim\limits_n f(n) = 0$ existirán $\varepsilon > 0$ y una sucesión creciente y no acotada $(a_n)_n \subset \mathbb{N}$ tal que $f(a_n) \geq 2\varepsilon$ para todo $n \in \mathbb{N}$. Por ser f' integrable Lebesgue podemos encontrar $n \in \mathbb{N}$ tal que $\int_{a_n}^{\infty} |f'(t)|\, dt < \varepsilon$. Entonces, para cada $x \geq a_n$ se tiene

$$f(x) = f(a_n) + \int_{a_n}^{x} f'(t)\, dt,$$

de donde

$$|f(x)| \geq |f(a_n)| - \int_{a_n}^{\infty} |f'(t)|\, dt \geq 2\varepsilon - \varepsilon = \varepsilon,$$

lo que es una contradicción con el hecho de que f es integrable Lebesgue en $\mathbb{R}$. $\qquad\qquad\qquad\qquad\qquad\qquad\qquad\qquad\qquad\qquad\qquad\qquad$ $\square$

Ejemplo 7.1.10. Si $f(x) = e^{-\pi\|x\|^2}$, $x \in \mathbb{R}^d$, entonces $\widehat{f} = f$.

Discutiremos primero el caso $d = 1$. Sea pues $g(x) = e^{-\pi x^2}$, $x \in \mathbb{R}$. Si denotamos $h(\xi) = \widehat{g}(\xi)$ entonces una aplicación de los teoremas 7.1.8 y 7.1.9 nos dice que

$$h'(\xi) = -2\pi i \widehat{xg(x)}(\xi) = i\widehat{g'}(\xi) = -2\pi\xi h(\xi).$$

Resolviendo la ecuación diferencial obtenida concluimos

$$\widehat{g}(\xi) = \widehat{g}(0)e^{-\pi\xi^2}.$$

Puesto que $\widehat{g}(0) = \int_{\mathbb{R}} e^{-\pi x^2}\, dx = 1$ (veáse el ejemplo 6.10) queda $\widehat{g} = g$.

En el caso general observamos que $f(x) = \prod\limits_{k=1}^{n} g(x_k)$. Se sigue del teorema de Fubini

$$\widehat{f}(\xi) \;=\; \int_{\mathbb{R}^d} \prod_{k=1}^{n} \left(g(x_k) e^{-2\pi i x_k \xi_k} \right) dx = \prod_{k=1}^{n} \int_{\mathbb{R}} g(x_k) e^{-2\pi i x_k \xi_k}\, dx_k$$

$$= \prod_{k=1}^{n} \widehat{g}(\xi_k) = \prod_{k=1}^{n} g(\xi_k) = f(\xi).$$

$\square$

Como vimos en el ejemplo 7.1.2, la transformada de Fourier de una función integrable no necesariamente es integrable. Pero cuando $\widehat{f}$ es integrable, es posible recuperar f a partir de su transformada de manera sencilla. Los principales ingredientes son los teoremas 6.13 y 7.1.7 y el ejemplo 7.1.10.

Teorema 7.1.11 (Fórmula de inversión). *Si f y $\widehat{f}$ pertenecen a $L^1(\mathbb{R}^d)$ entonces para casi todo x,*

$$f(x) = \int_{\mathbb{R}^d} \widehat{f}(\xi) e^{2\pi i \xi x} \, d\xi.$$

Si además f es continua, la igualdad se da para todo x.

Demostración. Sea g la gaussiana $g(x) = e^{-\pi \|x\|^2}$. Puesto que

$$\left| \widehat{f}(\xi) e^{2\pi i x \xi} g\left(\frac{\xi}{n}\right) \right| \leq \left| \widehat{f}(\xi) \right| \quad \forall\, n \in \mathbb{N},$$

podemos aplicar el teorema de la convergencia dominada para obtener

$$\int_{\mathbb{R}^d} \widehat{f}(\xi) e^{2\pi i \xi x} \, d\xi = \lim_n \int_{\mathbb{R}^d} \widehat{f}(\xi) e^{2\pi i \xi x} g\left(\frac{\xi}{n}\right) \, d\xi.$$

Por el teorema de Tonelli-Hobson, la función

$$(\xi, t) \mapsto f(t) g\left(\frac{\xi}{n}\right) e^{-2\pi i \xi (t-x)}$$

es integrable Lebesgue en $\mathbb{R}^{2d}$. Expresando $\widehat{f}(\xi) = \int_{\mathbb{R}^d} f(t) e^{-2\pi i \xi t} \, dt$ y usando el teorema de Fubini,

$$\int_{\mathbb{R}^d} \widehat{f}(\xi) e^{2\pi i \xi x} g\left(\frac{\xi}{n}\right) d\xi = \int_{\mathbb{R}^d} f(t) \left(\int_{\mathbb{R}^d} e^{-2\pi i (t-x)\xi} g\left(\frac{\xi}{n}\right) d\xi \right) dt$$

$$= \int_{\mathbb{R}^d} f(t) \left(n^d \int_{\mathbb{R}^d} e^{-2\pi i (t-x)sn} g(s) \, ds \right) dt$$

$$= n^d \int_{\mathbb{R}^d} f(t) \widehat{g}(n(t-x)) \, dt$$

$$= n^d \int_{\mathbb{R}^d} f(t) g(n(x-t)) \, dt.$$

La última igualdad se sigue del ejemplo 7.1.10 y del hecho de que g es una función par. Ahora consideramos el aproximante de la identidad $(K_n)_n$ definido como $K_n(x) = n^d g(nx)$ (ejemplo 6.10). Hemos obtenido

$$\int_{\mathbb{R}^d} \widehat{f}(\xi) e^{2\pi i \xi x} g\left(\frac{\xi}{n}\right) d\xi = (K_n * f)(x).$$

Del teorema 6.13 y el corolario 1.4.6 deducimos que existe una sucesión estrictamente creciente $(n_j)_j \subset \mathbb{N}$ tal que $\lim\limits_j \left(K_{n_j} * f\right)(x) = f(x)$ casi por todas partes. Puesto que

$$\int_{\mathbb{R}^d} \widehat{f}(\xi) e^{2\pi i \xi x} d\xi = \lim_j \left(K_{n_j} * f\right)(x)$$

para todo $x \in \mathbb{R}^d$, concluimos

$$\int_{\mathbb{R}^d} \widehat{f}(\xi) e^{2\pi i \xi x} d\xi = f(x) \; cpp.$$

$\square$

De acuerdo con el teorema anterior, la función f queda completamente determinada por su transformada de Fourier.

Corolario 7.1.12. *Si* $f, g \in L^1(\mathbb{R}^d)$ *tienen la misma transformada de Fourier entonces* $f = g$ *casi por todas partes.*

Demostración. Consideramos la función $h = f - g \in L^1(\mathbb{R}^d)$. Puesto que $\widehat{h} = 0$, se cumplen las hipótesis del teorema 7.1.11 lo que permite concluir $h = 0$ cpp. $\square$

7.2. El espacio de Schwartz

De acuerdo con los teoremas 7.1.8 y 7.1.9, buenas propiedades de derivación de una función f implican un decrecimiento rápido de $\widehat{f}$ mientras que un decrecimiento rápido de f implica buenas propiedades de derivación de $\widehat{f}$. Por otra parte, para funciones $f \in L^1(\mathbb{R}^d)$ cuya transformada de Fourier también es integrable Lebesgue, el teorema 7.1.11 nos dice que f es la transformada de Fourier de $g(\xi) = \widehat{f}(-\xi)$, con lo cual es posible obtener propiedades de decrecimiento rápido o diferenciablilidad de f a partir de propiedades de diferenciabilidad o decrecimiento rápido de $\widehat{f}$.

Definición 7.2.1. *El espacio de Schwartz se define como*

$$\mathscr{S}(\mathbb{R}^d) := \left\{ f \in C^\infty(\mathbb{R}^d) : \sup_{x \in \mathbb{R}^d} |x^\alpha D^\beta f(x)| < \infty \; \forall \, \alpha, \beta \in \mathbb{N}_0^d \right\}.$$

Las funciones en el espacio de Schwartz también se conocen como funciones rápidamente decrecientes.

Proposición 7.2.2. *Dada* $f \in C^\infty(\mathbb{R}^d)$, *las siguientes condiciones son equivalentes:*

(1) $f \in \mathscr{S}(\mathbb{R}^d)$.

(2) $\sup_{x \in \mathbb{R}^d} (1 + \|x\|^2)^k |D^\beta f(x)| < \infty \ \forall k \in \mathbb{N}, \ \beta \in \mathbb{N}_0^d$.

(3) $\lim_{\|x\| \to \infty} (1 + \|x\|^2)^k D^\beta f(x) = 0 \ \forall k \in \mathbb{N}, \ \beta \in \mathbb{N}_0^d$.

Demostración. $(1) \Rightarrow (2)$. Basta desarrollar $(1 + \|x\|^2)^k$ usando el binomio de Newton y observar que, para cada $n \in \mathbb{N}$, $\|x\|^{2n} = (x_1^2 + \ldots + x_d^2)^n$ es combinación lineal de términos de la forma $x_1^{2n_1} \ldots x_d^{2n_d} = x^\alpha$, $\alpha = (2n_1, \ldots, 2n_d)$.

$(2) \Rightarrow (3)$. Dados $\beta \in \mathbb{N}_0^d$ y $k \in \mathbb{N}$, por la condición (2) se cumple

$$\sup_{x \in \mathbb{R}^d} (1 + \|x\|^2)^{k+1} |D^\beta f(x)| < \infty,$$

lo que claramente implica (3).

$(3) \Rightarrow (1)$. Para cada $\alpha = (\alpha_1, \ldots, \alpha_d) \in \mathbb{N}_0^d$ se tiene

$$|x_j^{\alpha_j}| \leq (1 + \|x\|^2)^{\alpha_j}$$

para todo $x \in \mathbb{R}^d$, $j = 1, \ldots, d$. Por tanto $|x^\alpha| \leq (1 + \|x\|^2)^{|\alpha|}$, de donde se sigue la conclusión. $\qquad\square$

Ejemplo 7.2.3. Las siguientes funciones están en el espacio de Schwartz.

(1) Las funciones en $C_c^\infty(\mathbb{R}^d)$.

(2) Las gaussianas $f(x) = e^{-a\|x\|^2}$, $a > 0$.

En el siguiente resultado recogemos algunas propiedades elementales del espacio de Schwartz.

Proposición 7.2.4. $\mathscr{S}(\mathbb{R}^d)$ *tiene las siguientes propiedades:*

(1) *Si $f \in \mathscr{S}(\mathbb{R}^d)$ y $\beta \in \mathbb{N}_0^n$, entonces $D^\beta f \in \mathscr{S}(\mathbb{R}^d)$.*

(2) *Si $f \in \mathscr{S}(\mathbb{R}^d)$ y $\alpha \in \mathbb{N}_0^n$, entonces $x^\alpha f \in \mathscr{S}(\mathbb{R}^d)$.*

(3) *Si $f, g \in \mathscr{S}(\mathbb{R}^d)$, entonces $f \cdot g \in \mathscr{S}(\mathbb{R}^d)$.*

(4) *$\mathscr{S}(\mathbb{R}^d) \subset L^p(\mathbb{R}^d)$ y además $\mathscr{S}(\mathbb{R}^d)$ es denso en $L^p(\mathbb{R}^d)$, $1 \leq p < \infty$.*

Demostración. Las propiedades (1)-(3) son obvias. En cuanto a (4) basta observar que si $f \in \mathscr{S}(\mathbb{R}^d)$ entonces

$$\sup_{x \in \mathbb{R}^d} (1 + \|x\|^2)^d |f(x)| < \infty,$$

lo que implica que existe una constante $C > 0$ tal que

$$|f(x)| \leq \frac{C}{(1 + \|x\|^2)^d} \quad \forall \, x \in \mathbb{R}^d.$$

Se sigue que $f \in L^p(\mathbb{R}^d)$ para cada $1 \leq p < \infty$. La densidad de $\mathscr{S}(\mathbb{R}^d)$ en $L^p(\mathbb{R}^d)$ es consecuencia del teorema 6.15 y del hecho de que $C_c^\infty(\mathbb{R}^d) \subset \mathscr{S}(\mathbb{R}^d)$. $\qquad\square$

La importancia del espacio de Schwartz se debe a que es invariante bajo la transformada de Fourier.

Teorema 7.2.5. $\mathscr{F} : \mathscr{S}(\mathbb{R}^d) \to \mathscr{S}(\mathbb{R}^d), f \mapsto \widehat{f}$, *es un isomorfismo algebraico.*

Demostración. De acuerdo con la proposición 7.2.4 $\mathscr{S}(\mathbb{R}^d)$ es un subespacio vectorial de $L^1(\mathbb{R}^d)$. Veamos ahora que si $f \in \mathscr{S}(\mathbb{R}^d)$ entonces también $\widehat{f} \in \mathscr{S}(\mathbb{R}^d)$. Para ello, dados dos multi-índices $\alpha, \beta \in \mathbb{N}_0^d$ tenemos que probar que $\xi^\alpha D^\beta \widehat{f}(\xi)$ es una función acotada. Con este fin, consideramos la función $g(x) = (-2\pi i x)^\beta f(x)$. Todas las derivadas de g son integrables Lebesgue (porque son elementos del espacio de Schwartz) y, por el teorema 7.1.9,

$$\widehat{D^\alpha g}(\xi) = (2\pi i \xi)^\alpha \widehat{g}(\xi).$$

Aplicando ahora el teorema 7.1.8 obtenemos $\widehat{g}(\xi) = D^\beta \widehat{f}(\xi)$, con lo cual

$$\xi^\alpha D^\beta \widehat{f}(\xi) = \frac{1}{(2\pi i)^{|\alpha|}} \widehat{D^\alpha g}(\xi),$$

es una función acotada por ser transformada de Fourier de una función integrable Lebesgue. Queda probado que $\mathscr{F} : \mathscr{S}(\mathbb{R}^d) \to \mathscr{S}(\mathbb{R}^d)$ es una aplicación bien definida que, obviamente, es lineal. Por el corolario 7.1.12, la aplicación $\mathscr{F}$ es inyectiva.

Para terminar comprobamos que $\mathscr{F}$ es sobreyectiva. Dada $g \in \mathscr{S}(\mathbb{R}^d)$ consideramos $f(x) = \widehat{g}(-x)$, $x \in \mathbb{R}^d$. Según acabamos de probar, $f \in \mathscr{S}(\mathbb{R}^d)$. Además,

$$\widehat{f}(x) = \int_{\mathbb{R}^d} \widehat{g}(-\xi) e^{-2\pi i \xi x} d\xi = \int_{\mathbb{R}^d} \widehat{g}(\xi) e^{2\pi i \xi x} d\xi$$

$$= g(x),$$

donde la última identidad se sigue de la fórmula de inversión (teorema 7.1.11). Por tanto $\mathscr{F}(f) = g$ y queda demostrada la sobreyectividad del operador. $\qquad\square$

Teorema 7.2.6. *Para cualesquiera $f, g \in \mathscr{S}(\mathbb{R}^d)$ se cumple:*

(1) $\displaystyle\int_{\mathbb{R}^d} \widehat{f} \cdot g = \int_{\mathbb{R}^d} \widehat{g} \cdot f.$

(2) $\displaystyle\int_{\mathbb{R}^d} f \cdot \overline{g} = \int_{\mathbb{R}^d} \widehat{f} \cdot \overline{\widehat{g}}$ *(Fórmula de Parseval).*

Demostración. (1) Las funciones $\widehat{f}g$ y $f\widehat{g}$ están en $\mathscr{S}(\mathbb{R}^d)$ (teorema 7.2.5 y proposición 7.2.4 (3)). Además,

$$\int_{\mathbb{R}^d} \widehat{f}(\xi)g(\xi)\,d\xi = \int_{\mathbb{R}^d} g(\xi)\left(\int_{\mathbb{R}^d} f(t)e^{-2\pi i t\xi}\,dt\right)d\xi.$$

Por el teorema de Tonelli-Hobson la función

$$(\xi, t) \mapsto g(\xi)f(t)e^{-2\pi i t\xi}$$

es integrable Lebesgue en $\mathbb{R}^{2d}$, lo que permite aplicar el teorema de Fubini para obtener

$$\int_{\mathbb{R}^d} \widehat{f}(\xi)g(\xi)\,d\xi = \int_{\mathbb{R}^d} f(t)\left(\int_{\mathbb{R}^d} g(\xi)e^{-2\pi i t\xi}\,d\xi\right)dt$$

$$= \int_{\mathbb{R}^d} \widehat{g}(t)f(t)\,dt.$$

Para probar (2) notamos que de (1) se sigue

$$\int_{\mathbb{R}^d} \widehat{f} \cdot \overline{\widehat{g}} = \int_{\mathbb{R}^d} f \cdot \mathscr{F}\left(\overline{\widehat{g}}\right).$$

Además

$$\mathscr{F}\left(\overline{\widehat{g}}\right)(x) = \int_{\mathbb{R}^d} e^{-2\pi i x\xi} \cdot \overline{\widehat{g}(\xi)}\,d\xi$$

es el conjugado de

$$\int_{\mathbb{R}^d} e^{2\pi i x\xi} \cdot \widehat{g}(\xi)\,d\xi = g(x).$$

Por tanto

$$\int_{\mathbb{R}^d} \widehat{f} \cdot \overline{\widehat{g}} = \int_{\mathbb{R}^d} f \cdot \overline{g}.$$

$\square$

La identidad (1) del teorema 7.2.6 es válida para cualesquiera $f, g \in L^1(\mathbb{R}^d)$. La identidad (2) significa que

$$\langle f, g \rangle = \langle \widehat{f}, \widehat{g} \rangle,$$

siendo $\langle \cdot, \cdot \rangle$ el producto interior en $L^2(\mathbb{R}^d)$.

Corolario 7.2.7. *Para cada $f \in \mathscr{S}(\mathbb{R}^d)$ se cumple $\|\widehat{f}\|_2 = \|f\|_2$.*

En ingeniería, $\|f\|_2^2$ representa la energía de la señal f. En física, $\|f\|_2$ se usa como factor de normalización de un estado cuántico. Si $g(x) = \frac{|f(x)|^2}{\|f\|_2^2}$ y Ω es un subconjunto medible de $\mathbb{R}^d$, entonces $\int_{\Omega} g$ es la probabilidad de que una partícula en el estado f esté localizada en Ω.

7.3. La transformada de Fourier en $L^2(\mathbb{R}^d)$

La transformada de Fourier de funciones de $L^1(\mathbb{R}^d)$ se puede ver como una extensión de los resultados sobre representación de funciones periódicas en la recta. Tal y como hemos visto, gran parte de los resultados se han podido trasladar sin grandes modificaciones.

Como en el caso de las series de Fourier, para que la transformación de Fourier sea una isometría, deberemos considerarla en el espacio $L^2(\mathbb{R}^d)$. Aquí es donde la diferencia entre $\mathbb{T}$ y $\mathbb{R}^d$ se hace evidente, pues como la medida de Lebesgue de $\mathbb{R}^d$ es infinita, el espacio $L^1(\mathbb{R}^d)$ es relativamente pequeño, contrariamente a lo que sucede con $L^1(\mathbb{T})$, que contiene a la *mayoría de los espacios de funciones naturales*. En particular $L^2(\mathbb{T}) \subset L^1(\mathbb{T})$ pero $L^2(\mathbb{R}^d) \not\subseteq L^1(\mathbb{R}^d)$. En general, dada una función $f \in L^2(\mathbb{R}^d)$ la función $f(x)e^{-2\pi i x \xi}$ puede no ser integrable, de modo que la expresión que define $\widehat{f}$ podría no tener sentido. Para definir la transformada de Fourier para las funciones de cuadrado integrable procederemos del modo siguiente:

Consideraremos la transformada sobre un subespacio denso de $L^2(\mathbb{R}^d)$, de modo que sea una isometría respecto de la norma $\|\cdot\|_2$. Entonces la transformada se extenderá de forma única a $L^2(\mathbb{R}^d)$ con ayuda del resultado siguiente.

Proposición 7.3.1. *Sean $(E, \|\cdot\|)$ un espacio de Banach, F un subespacio vectorial denso en E y $T : F \to E$ una aplicación lineal y continua. Entonces existe una única aplicación lineal y continua $\widetilde{T} : E \to E$ tal que $\widetilde{T}(x) = T(x)$ para todo $x \in F$.*

Demostración. Dado $x \in E$ existe una sucesión $(x_n)_n \subset F$ tal que $\lim_n x_n = x$. Puesto que $(x_n)_n$ es una sucesión de Cauchy y

$$\|T(x_n) - T(x_m)\| \leq \|T\| \cdot \|x_n - x_m\| \; \forall \, n, m \in \mathbb{N},$$

se sigue que también $(T(x_n))_n$ es una sucesión de Cauchy y por ser E completo existirá

$$\widetilde{T}(x) := \lim_n T(x_n).$$

La definición de $\widetilde{T}(x)$ no depende de la sucesión $(x_n)_n$ escogida ya que si $(x'_n)_n$ es otra sucesión en F convergente a x entonces, por ser $T : F \to E$ continua, se tiene

$$\lim_n \left(T(x_n) - T(x'_n) \right) = \lim_n T(x_n - x'_n) = T(0) = 0.$$

Por tanto $\widetilde{T} : E \to E$ es una aplicación bien definida.

$\widetilde{T}$ es lineal. En efecto, dados $x, y \in E$ y $a, b \in \mathbb{K}$ tomamos $(x_n)_n$, $(y_n)_n \subset F$ tales que $\lim_n x_n = x$, $\lim_n y_n = y$. Entonces $\lim_n (ax_n + by_n) = ax + by$ y de la definición de $\widetilde{T}$ se sigue que

$$\widetilde{T}(ax + by) = \lim_n T(ax_n + by_n) = a \lim_n T(x_n) + b \lim_n T(y_n) = a\widetilde{T}(x) + b\widetilde{T}(y).$$

Si $x \in F$ tomamos $x_n = x$ para todo $n \in \mathbb{N}$. Entonces $\widetilde{T}(x) = \lim_n T(x_n) = T(x)$.

Comprobamos ahora que $\widetilde{T}$ es continua. Para ello, dado $x \in E$ tomamos $(x_n)_n$ en F tal que $\lim_n x_n = x$. Por la continuidad de T tenemos $\|T(x_n)\| \leq \|T\| \cdot \|x_n\|$ para todo $n \in \mathbb{N}$. Tomando límites cuando $n \to \infty$ se concluye $\|\widetilde{T}(x)\| \leq \|T\| \cdot \|x\|$.

Por último, la unicidad de la extensión $\widetilde{T}$ es obvia. En efecto, si S es otra extensión continua, $x \in E$ y $(x_n)_n \subset F$ es una sucesión convergente a x entonces de la continuidad de $\widetilde{T}$ se sigue

$$\widetilde{T}(x) = \lim_n \widetilde{T}(x_n) = \lim_n T(x_n) = \lim_n S(x_n) = S(x),$$

ya que $\widetilde{T}$ y S coinciden con T en el subespacio F. $\qquad\square$

Ya estamos en condiciones de extender la definición de la transformada de Fourier a funciones en $L^2(\mathbb{R}^d)$.

Teorema 7.3.2 (Plancherel). *Existe una única aplicación $\mathscr{F} : L^2(\mathbb{R}^d) \to L^2(\mathbb{R}^d)$ lineal tal que*

(1) $\mathscr{F}(f) = \widehat{f}$ para todo $f \in L^1(\mathbb{R}^d) \cap L^2(\mathbb{R}^d)$.

(2) $\mathscr{F}$ es una isometría.

Además, $\mathscr{F} \circ \mathscr{F} = J$, siendo $J(f)(x) = f(-x)$. En particular, $\mathscr{F}$ es una biyección

Demostración. Tomamos $E = L^2(\mathbb{R}^d)$ y $F = \mathscr{S}(\mathbb{R}^d)$, que es un subespacio denso de E (proposición 7.2.4). Ahora consideramos

$$T : \mathscr{S}(\mathbb{R}^d) \to L^2(\mathbb{R}^d), f \mapsto \widehat{f}.$$

Puesto que $\|T(f)\|_2 = \|f\|_2$ para cada $f \in F$ (corolario 7.2.7) se sigue que T es continua cuando consideramos F como un subespacio normado de E. De acuerdo con la proposición 7.3.1, existe una única aplicación lineal y continua

$$\mathscr{F} : L^2(\mathbb{R}^d) \to L^2(\mathbb{R}^d)$$

tal que $\mathscr{F}(f) = \widehat{f}$ para todo $f \in \mathscr{S}(\mathbb{R}^d)$.

(1) Si $f \in L^1(\mathbb{R}^d) \cap L^2(\mathbb{R}^d)$ seleccionamos una sucesión $(f_n)_n \subset \mathscr{S}(\mathbb{R}^d)$ que converge a f simultáneamente en $L^1(\mathbb{R}^d)$ y en $L^2(\mathbb{R}^d)$ (corolario 6.16). Entonces

$$\widehat{f}(\xi) = \lim_n \widehat{f_n}(\xi)$$

para cada $\xi \in \mathbb{R}^d$ ya que

$$\left| \widehat{f}(\xi) - \widehat{f_n}(\xi) \right| \leq \|f - f_n\|_1.$$

Además

$$\mathscr{F}(f) = \lim_n \mathscr{F}(f_n) = \lim_n \widehat{f_n},$$

donde el límite se entiende en el espacio normado $L^2(\mathbb{R}^d)$.

Como la convergencia en $L^2(\mathbb{R}^d)$ implica la convergencia casi por todas partes de una subsucesión, existe una sucesión $(n_k)_k$ estrictamente creciente de números naturales tal que

$$\mathscr{F}(f)(\xi) = \lim_k \widehat{f_{n_k}}(\xi)$$

casi por todas partes. Por tanto $\widehat{f} = \mathscr{F}(f)$ cpp, lo que termina la prueba de (1).

(2) Para cada $f \in L^2(\mathbb{R}^d)$ existe una sucesión $(f_n)_n \subset \mathscr{S}(\mathbb{R}^d)$ que converge a f en $L^2(\mathbb{R}^d)$. Entonces, por el corolario 7.2.7,

$$\|\mathscr{F}(f)\|_2 = \lim_n \|\widehat{f_n}\|_2 = \lim_n \|f_n\|_2 = \|f\|_2.$$

Para comprobar que $\mathscr{F} \circ \mathscr{F} = J$ primero consideramos $f \in \mathscr{S}(\mathbb{R}^d)$ y observamos que

$$(\mathscr{F} \circ \mathscr{F})(f)(x) = \widehat{\widehat{f}}(x) = \int_{\mathbb{R}^d} \widehat{f}(\xi) e^{-2\pi i x \xi} \, d\xi = f(-x),$$

es decir, $\mathscr{F} \circ \mathscr{F} = J$ en $\mathscr{S}(\mathbb{R}^d)$. Puesto que $\mathscr{F} \circ \mathscr{F}$ y J son dos operadores continuos en $L^2(\mathbb{R}^d)$ que coinciden en el subespacio denso $\mathscr{S}(\mathbb{R}^d)$, necesariamente han de ser iguales, lo que termina la demostración. $\qquad\square$

A diferencia de la transformada de Fourier de las funciones en $L^1(\mathbb{R}^d)$, la transformada de Fourier de una función en $L^2(\mathbb{R}^d)$ no está definida punto a punto, sino que se define como el límite en $\|\cdot\|_2$ de una sucesión de transformadas de funciones, éstas sí definidas punto a punto. Para calcular la transformada en ejemplos concretos podemos proceder como sigue.

Sea $f \in L^2(\mathbb{R})$ y consideramos

$$f_n = f \cdot \chi_{(-n,n)}.$$

Entonces

$$f_n \in L^2(\mathbb{R}) \cap L^1(\mathbb{R}) \text{ y } \lim_n \|f - f_n\|_2 = 0.$$

En consecuencia

$$\mathscr{F}(f) = \lim_n \widehat{f_n},$$

donde el límite se entiende en el espacio normado $L^2(\mathbb{R})$. Como la convergencia en $L^2(\mathbb{R})$ implica la convergencia puntual casi por todas partes de alguna subsucesión, deducimos que existe una sucesión estrictamente creciente $(a_n)_n$ de números naturales tal que

$$(\mathscr{F}f)(\xi) = \lim_n \int_{-a_n}^{a_n} f(x)e^{-2\pi i x \xi}\, dx$$

para casi todo $\xi \in \mathbb{R}$. En particular, podemos afirmar que

$$(\mathscr{F}f)(\xi) = \text{VP} \int_{-\infty}^{\infty} f(x)e^{-2\pi i x \xi}\, dx, \text{ cpp}$$

siempre que exista el valor principal en casi todo punto.

El siguiente ejemplo requiere conocimientos de variable compleja.

Ejemplo 7.3.3. Calculemos la transformada de Fourier de $f(x) = \frac{1}{x+i}$, $x \in \mathbb{R}$.

La función f no es integrable Lebesgue en $\mathbb{R}$ pero $f \in L^2(\mathbb{R})$ ya que

$$|f(x)|^2 = \frac{1}{x^2+1}$$

es integrable Lebesgue. Del teorema de los residuos se deduce que

$$(\mathscr{F}f)(\xi) = \text{VP} \int_{-\infty}^{\infty} f(x)e^{-2\pi i x \xi}\, dx = \begin{cases} 0, & \xi < 0 \\ -2\pi i e^{-2\pi \xi}, & \xi > 0. \end{cases}$$

La igualdad debe entenderse casi por todas partes y no tiene sentido preguntarnos por el valor de la transformada de Fourier en $\xi = 0$. $\square$

7.4. Distribuciones temperadas

Remitimos a [9] para una introducción a la teoría de distribuciones de Laurent Schwartz. Aquí nos limitaremos a describir aquellas distribuciones para las cuales tiene sentido la transformación de Fourier, también conocidas como distribuciones temperadas. La idea detrás de la definición de distribución es que una función $f(x)$ en $\mathbb{R}^d$ queda completamente determinada por el funcional

$$\varphi \mapsto \int_{\mathbb{R}^d} f(x)\varphi(x)\,dx$$

definido en una clase de funciones apropiada.

Antes de dar la definición formal de distribución temperada necesitamos unos pocos preliminares.

Definición 7.4.1. *Diremos que una sucesión* $(f_n)_n \subset \mathscr{S}(\mathbb{R}^d)$ *converge a cero si*

$$\lim_n \sup_{x \in \mathbb{R}^d} |x^\alpha D^\beta f_n(x)| = 0 \ \forall \ \alpha, \beta \in \mathbb{N}_0^d.$$

Lema 7.4.2. *Sea* $(f_n)_n$ *una sucesión convergente a cero en* $\mathscr{S}(\mathbb{R}^d)$. *Entonces*

(i) $\lim_n \|f_n\|_p = 0$ *para todo* $1 \le p \le \infty$.

(ii) $(x^\alpha f_n(x))_n \to 0$ *en* $\mathscr{S}(\mathbb{R}^d)$.

(iii) $(D^\alpha f_n)_n \to 0$ *en* $\mathscr{S}(\mathbb{R}^d)$.

(iv) $\left(\widehat{f_n}\right)_n \to 0$ *en* $\mathscr{S}(\mathbb{R}^d)$.

Demostración. (i) El caso $p = \infty$ es obvio. Cuando $1 \le p < \infty$ denotamos

$$g_n(x) = \left(1 + x_1^2 + \ldots + x_d^2\right)^d f_n(x).$$

Por hipótesis, $\lim_n \|g_n\|_\infty = 0$. Puesto que $f_n(x) = \frac{g_n(x)}{(1+\|x\|^2)^d}$ obtenemos

$$\|f_n\|_p^p \le \|g_n\|_\infty^p \int_{\mathbb{R}^d} \frac{1}{(1+\|x\|^2)^{pd}}\,dx,$$

de donde se sigue la conclusión.

(ii) y (iii) son consecuencia fácil de la definición.

(iv) Dados $\alpha, \beta \in \mathbb{N}_0^d$ consideramos $g_n(x) = (-2\pi i x)^\beta f_n(x)$, $n \in \mathbb{N}$. De la demostración del teorema 7.2.5 se sigue que

$$\xi^\alpha D^\beta \widehat{f_n}(\xi) = \frac{1}{(2\pi i)^{|\alpha|}} \widehat{D^\alpha g_n}(\xi).$$

133

Por tanto

$$\sup_{\xi \in \mathbb{R}^d} |\xi^\alpha D^\beta \widehat{f_n}(\xi)| \le \|D^\alpha g_n\|_1, \ n \in \mathbb{N}.$$

De las propiedades (ii) y (iii) se deduce que $(D^\alpha g_n)_n \to 0$ en $\mathscr{S}(\mathbb{R}^d)$. Entonces, la propiedad (i) implica $\lim_n \|D^\alpha g_n\|_1 = 0$. Por tanto

$$\lim_n \sup_{\xi \in \mathbb{R}^d} |\xi^\alpha D^\beta \widehat{f_n}(\xi)| = 0$$

y queda demostrado (iv). □

Definición 7.4.3. *Una distribución temperada es un funcional lineal*

$$T : \mathscr{S}(\mathbb{R}^d) \to \mathbb{C}$$

que cumple la siguiente condición:

$$si \ (f_n)_n \to 0 \ en \ \mathscr{S}(\mathbb{R}^d) \ entonces \ \lim_n T(f_n) = 0.$$

Escribiremos $T \in \mathscr{S}'(\mathbb{R}^d)$.

La condición de la definición 7.4.3 significa que el funcional lineal T es continuo cuando en $\mathscr{S}(\mathbb{R}^d)$ consideramos una cierta topología (métrica) que no vamos a describir.

Veamos primero qué funciones permiten definir distribuciones (temperadas) de modo natural.

Ejemplo 7.4.4. Para cada función $g \in L^p(\mathbb{R}^d)$, $1 \le p < \infty$, definimos

$$T_g(f) = \int_{\mathbb{R}^d} fg, \ f \in \mathscr{S}(\mathbb{R}^d).$$

Entonces $T_g \in \mathscr{S}'(\mathbb{R}^d)$.

Puesto que $|T_g(f)| \le \|g\|_p \cdot \|f\|_q$ siendo q el exponente conjugado de p, (cuando $p = 1$ se toma $q = \infty$) se sigue del lema 7.4.2 (i) que si $(f_n)_n \to 0$ en $\mathscr{S}(\mathbb{R}^d)$ entonces $\lim_n T_g(f_n) = 0$. □

Definición 7.4.5. *Una función $g : \mathbb{R}^d \to \mathbb{C}$ se dice que es lentamente creciente si g es medible y existen $C > 0$ y $k \in \mathbb{N}$ tales que*

$$|g(x)| \le C \left(1 + \|x\|^2\right)^k \quad \forall x \in \mathbb{R}^d.$$

Ejemplo 7.4.6. Para cada función lentamente creciente g definimos $T_g \in \mathscr{S}'(\mathbb{R}^d)$ como

$$T_g(f) = \int_{\mathbb{R}^d} f g.$$

Si $(f_n)_n \to 0$ en $\mathscr{S}(\mathbb{R}^d)$ entonces $\lim_n a_n = 0$ siendo

$$a_n = \sup_{x \in \mathbb{R}^d} \left(1 + \|x\|^2\right)^{k+d} |f_n(x)|.$$

Puesto que

$$|T_g(f_n)| \leq a_n \int_{\mathbb{R}^d} \frac{C}{\left(1 + \|x\|^2\right)^d} \, dx$$

se sigue que $\lim_n T_g(f_n) = 0$. $\square$

El siguiente resultado explica porqué tiene sentido identificar una función g con el funcional asociado T_g.

Denotamos por $L^1_{loc}(\mathbb{R}^d)$ el conjunto de las funciones medibles $f : \mathbb{R}^d \to \mathbb{C}$ que son integrables sobre cada subconjunto compacto. Tales funciones se dice que son localmente integrables. Todas las funciones lentamente crecientes, continuas o en $L^p(\mathbb{R}^d)$ son localmente integrables. No obstante, no todas las funciones localmente integrables definen distribuciones temperadas.

Proposición 7.4.7. *Si $g \in L^1_{loc}(\mathbb{R}^d)$ y $\int_{\mathbb{R}^d} g\varphi = 0$ para todo $\varphi \in C_c^\infty(\mathbb{R}^d)$ entonces $g = 0$ cpp.*

Demostración. Fijamos $R > 1$ y consideramos $f = g\chi_{B(0,2R)}$, que es una función integrable Lebesgue. Sea $(K_n)_n$ un aproximante de la identidad como en el ejemplo 6.11. Entonces, como $K_n \in C_c^\infty(\mathbb{R}^d)$,

$$0 = \int_{\mathbb{R}^d} g(y) K_n(x-y) \, dy = \int_{\mathbb{R}^d} f(y) K_n(x-y) \, dy + \int_{\|y\|>2R} g(y) K_n(x-y) \, dy$$

para todo $x \in \mathbb{R}^d$. Cuando $\|x\| < R$ y $\|y\| > 2R$ se tiene $\|x-y\| > 1$, de donde $K_n(x-y) = 0$. Así pues, si $\|x\| < R$ entonces

$$0 = \int_{\mathbb{R}^d} f(y) K_n(x-y) \, dy = (f * K_n)(x).$$

Como $(f * K_n)_n$ converge a f en $L^1(\mathbb{R}^d)$ concluimos $f = 0$ cpp en $B(0,R)$, es decir, g se anula cpp en $B(0,R)$, y como R es arbitrario $g = 0$ cpp. $\square$

Corolario 7.4.8. *Si $f, g \in L^1_{loc}(\mathbb{R}^d)$ y $\int_{\mathbb{R}^d} f\varphi = \int_{\mathbb{R}^d} g\varphi$ para todo $\varphi \in C^\infty_c(\mathbb{R}^d)$ entonces $f = g$ cpp.*

En particular, si f y g definen distribuciones temperadas y $T_f = T_g$, $f = g$ cpp.

Ejemplo 7.4.9. La distribución Delta de Dirac $\delta \in \mathscr{S}'(\mathbb{R}^d)$ se define como

$$\delta(f) = f(0).$$

Observemos que si $(K_n)_n$ es un aproximante de la identidad entonces, para cada $f \in \mathscr{S}(\mathbb{R}^d)$,

$$\lim_n \int_{\mathbb{R}^d} K_n(x)f(x)\,dx = \lim_n (K_n * Jf)(0) = (Jf)(0) = f(0).$$

En la identidad anterior se toma $(Jf)(x) = f(-x)$. En este punto es pertinente releer el comentario a continuación del ejemplo 6.11.

Por similitud con la definición de las distribuciones T_g cuando g es una función, a veces se escribe (de manera informal pues la integral carece de sentido):

$$\int_{\mathbb{R}^d} f(x)\delta(x)\,dx = f(0).$$

Ejemplo 7.4.10. El funcional de evaluación en $x_0 \in \mathbb{R}^d$ se define como

$$\delta_{x_0}(f) = f(x_0).$$

Claramente $\delta_0 = \delta$.

Una de las ventajas importantes de las distribuciones respecto de las funciones ordinarias está en que cualquier distribución se puede derivar tantas veces como queramos. Observemos que si $g, f \in \mathscr{S}(\mathbb{R}^d)$ entonces, procediendo como en el lema 7.1.3,

$$T_{D^\alpha g}(f) = \int_{\mathbb{R}^d} D^\alpha g(x)f(x)\,dx = (-1)^{|\alpha|} \int_{\mathbb{R}^d} g(x)D^\alpha f(x)\,dx = (-1)^{|\alpha|} T_g(D^\alpha f).$$

Esto sugiere la siguiente definición.

Definición 7.4.11. *Para cada $T \in \mathscr{S}'(\mathbb{R}^d)$ y $\alpha \in \mathbb{N}_0^d$ definimos $D^\alpha T \in \mathscr{S}'(\mathbb{R}^d)$ como*

$$(D^\alpha T)(f) = (-1)^{|\alpha|} T(D^\alpha f), \quad f \in \mathscr{S}(\mathbb{R}^d).$$

Veamos que $D^\alpha T \in \mathscr{S}'(\mathbb{R}^d)$. En efecto, si $(f_n)_n \to 0$ en $\mathscr{S}(\mathbb{R}^d)$ entonces, por el lema 7.4.2, también $(D^\alpha f_n)_n \to 0$ en $\mathscr{S}(\mathbb{R}^d)$ de donde $\lim_n (D^\alpha T)(f_n) = 0$. $\square$

Ejemplo 7.4.12. Consideramos la función de Heaviside $H : \mathbb{R} \to \mathbb{R}$ definida como $H(x) = 0$ cuando $x < 0$ y $H(x) = 1$ cuando $x \geq 0$. Entonces H es una función lentamente creciente y define una distribución T_H cuya derivada viene dada por

$$T_H'(f) = -T_H(f') = -\int_{-\infty}^{\infty} H(x)f'(x)\,dx$$

$$= -\int_0^{\infty} f'(x)\,dx = f(0)$$

$$= \delta(f).$$

Por eso, identificamos

$$H' = \delta. \quad \square$$

Por último, para cualesquiera $f, g \in \mathscr{S}(\mathbb{R}^d)$,

$$T_{\widehat{g}}(f) = \int_{\mathbb{R}^d} \widehat{g} \cdot f = \int_{\mathbb{R}^d} \widehat{f} \cdot g = T_g(\widehat{f}),$$

lo que sugiere cómo definir la transformada de Fourier de una distribución temperada arbitraria.

Definición 7.4.13. *Para cada $T \in \mathscr{S}'(\mathbb{R}^d)$ definimos $\widehat{T} \in \mathscr{S}'(\mathbb{R}^d)$ como*

$$\widehat{T}(f) = T(\widehat{f}), \quad f \in \mathscr{S}(\mathbb{R}^d).$$

Observamos que si $(f_n)_n \to 0$ en $\mathscr{S}(\mathbb{R}^d)$ entonces, por el lema 7.4.2 (iv), también $\left(\widehat{f_n}\right)_n \to 0$ en $\mathscr{S}(\mathbb{R}^d)$. Por tanto

$$\lim_n \widehat{T}(f_n) = \lim_n T(\widehat{f_n}) = 0. \quad \square$$

Ejemplo 7.4.14. Consideramos la función constante $g(x) = 1$. Calcularemos la transformada de Fourier de la distribución asociada T_g.

Para cada $f \in \mathscr{S}(\mathbb{R}^d)$ se cumple

$$\widehat{T_g}(f) = T_g(\widehat{f}) = \int_{\mathbb{R}^d} \widehat{f}(\xi)\,d\xi = f(0) = \delta(f),$$

lo que quiere decir que $\widehat{T_g} = \delta$. $\quad \square$

Ejemplo 7.4.15. $\widehat{\delta_a} = T_g$, siendo $g(x) = e^{-2\pi i x a}$, $a \in \mathbb{R}^d$.

En efecto, para cada $f \in \mathscr{S}(\mathbb{R}^d)$ se cumple

$$\widehat{\delta_a}(f) = \delta_a(\widehat{f}) = \widehat{f}(a) = \int_{\mathbb{R}^d} f(x)e^{-2\pi i x a}\,dx = T_g(f). \quad \square$$

7.5. El teorema del muestreo de Shannon

El teorema del muestreo nos dice que las funciones de banda limitada se pueden reconstruir a partir del muestreo de la función a intervalos regulares, siempre que estos intervalos sean lo suficientemente pequeños, es decir, expresa el valor $f(x)$ en términos de los valores $f(na)$, $n \in \mathbb{Z}$ para un cierto valor de $a > 0$.

Definición 7.5.1. *Se dice que una función $f \in L^1(\mathbb{R})$ es de banda limitada si existe $A > 0$ tal que $\widehat{f}(\xi) = 0$ siempre que $|\xi| > A$. La constante A se conoce como ancho de banda.*

Estas funciones son importantes en teoría de señales porque sus frecuencias se encuentran en una banda limitada de valores.

Proposición 7.5.2. *Si $f \in L^1(\mathbb{R})$ es de banda limitada entonces existe una función continua g en $\mathbb{R}$ tal que $f = g$ cpp.*

Demostración. Puesto que $\widehat{f}$ es una función continua con soporte compacto tenemos que $\widehat{f} \in L^1(\mathbb{R})$. Si A es el ancho de banda de f, entonces, por la fórmula de inversión (teorema 7.1.11),

$$f(x) = \int_{-A}^{A} \widehat{f}(\xi) e^{2\pi i x \xi} \, d\xi \ \text{ cpp.}$$

La integral paramétrica anterior define una función continua por el teorema 6.5, lo que concluye la prueba. $\qquad\square$

A partir de ahora supondremos que todas las funciones de banda limitada son continuas. Es decir, nos limitamos a trabajar con el *representante continuo* de la clase de equivalencia.

El siguiente resultado no es necesario para el desarrollo de esta sección, no obstante, lo incluimos porque da información interesante aunque requiere conocimientos de variable compleja.

Teorema 7.5.3. *Si $f \in L^1(\mathbb{R})$ es una función de banda limitada entonces existe una función entera F tal que $F|_{\mathbb{R}} = f$.*

Demostración. Sea A el ancho de banda de f. Dado $z = x + iy \in \mathbb{C}$ la función $\xi \mapsto \widehat{f}(\xi) e^{2\pi i z \xi}$ es medible y

$$\left| \widehat{f}(\xi) e^{2\pi i z \xi} \right| = \left| \widehat{f}(\xi) \right| e^{-2\pi y \xi} \leq \left| \widehat{f}(\xi) \right| e^{2\pi A |y|},$$

que es integrable Lebesgue pues $\widehat{f}$ tiene soporte compacto. Así pues, podemos definir

$$F(z) = \int_{\mathbb{R}} \widehat{f}(\xi) e^{2\pi i z \xi} \, d\xi = \int_{-A}^{A} \widehat{f}(\xi) e^{2\pi i z \xi} \, d\xi.$$

Obviamente F es continua y $F|_{\mathbb{R}} = f$. Además, para cada triángulo T, parametrizando su frontera ∂T en sentido antihorario y usando los teoremas de Tonelli-Hobson y de Fubini obtenemos

$$\int_{\partial T} F(z) \, dz = \int_{-A}^{A} \widehat{f}(\xi) \left(\int_{\partial T} e^{2\pi i z \xi} \, dz \right) d\xi = 0.$$

Del teorema de Morera se sigue que F es holomorfa en $\mathbb{C}$. $\qquad\square$

Por tanto, una función de banda limitada no puede tener soporte compacto, ya que esto estaría en contradicción con el principio de los ceros aislados. Esto tiene un enorme interés en las aplicaciones pues nos dice que, desde un punto de vista matemático, una señal (por ejemplo una señal de audio) no puede estar simultáneamente limitada en el tiempo y en las frecuencias. Dicho de otro modo, una señal limitada en el tiempo no se puede transmitir con exactitud usando un ancho de banda finito.

Teorema 7.5.4 (del muestreo de Shannon). *Sea $f \in L^1(\mathbb{R})$ una función de banda limitada con ancho de banda A. Entonces f queda queda completamente determinada por las muestras $f(\frac{k}{2A})$, $k \in \mathbb{Z}$.*

Demostración. Si la función continua $\widehat{f}$ tiene su soporte en $|\xi| \leq A$, entonces $\widehat{f} \in L^1(-A, A)$ y podemos considerar la función periódica g (con período $T = 2A$) que coincide cpp con $\widehat{f}$ en el intervalo $(-A, A)$. La función f queda completamente determinada por los coeficientes de Fourier de g. Por ser f y $\widehat{f}$ dos funciones en $L^1(\mathbb{R})$ y f continua, podemos usar la fórmula de inversión para concluir que los coeficientes de Fourier de g (véase la sección 5.5) vienen dados por

$$\widehat{g}(n) = \frac{1}{2A} \int_{-A}^{A} \widehat{f}(t) e^{-in2\pi t/(2A)} \, dt = \frac{1}{2A} f(-\frac{n}{2A}), \ n \in \mathbb{Z}.$$

Por tanto los valores de f en los puntos de la forma $\frac{k}{2A}$ ($k \in \mathbb{Z}$) son suficientes para recuperar la función f. $\qquad\square$

La distancia $\frac{1}{2A}$ a la que hay que tomar dos muestras consecutivas de f se llama *intervalo de Nyquist*. Obsérvese que la frecuencia de muestreo en el teorema 7.5.4 es el doble del ancho de banda.

7.5.1. Submuestreo

Sea f una señal de banda limitada con ancho de banda A. En esta sección analizamos qué ocurre si intentamos recuperar f a partir de los valores $(f(k/B))_{k \in \mathbb{Z}}$ siendo $B < 2A$.

Observamos que la sucesión anterior determina los coeficientes de Fourier de la función periódica (con período B)

$$g(\xi) = \sum_{k \in \mathbb{Z}} \widehat{f}(\xi - kB),$$

que se obtiene sumando trasladadas de la función $\widehat{f}$. Cuando $B \geq 2A$ resulta que todas las funciones en el sumatorio anterior tienen *soportes disjuntos* y por tanto, la restricción de g al intervalo $|\xi| \leq A$ coincide con $\widehat{f}$. En consecuencia,

$$(f(k/B))_{k \in \mathbb{Z}} \longleftrightarrow g \longleftrightarrow \widehat{f} \longleftrightarrow f.$$

Sin embargo, cuando $B < 2A$, es decir cuando la frecuencia de muestreo es inferior a la que exige el teorema de Shannon, resulta que las funciones que intervienen en la definición de g no tienen soportes disjuntos y, por tanto, la restricción de g al intervalo $|\xi| \leq A$ ya no coincide con $\widehat{f}$ (al menos habrá diferencias cerca de los extremos del intervalo. De modo que el teorema de Shannon no permite recuperar f sino una versión perturbada.

El fenómeno que ocurre cuando intentamos reconstruir una señal/función mediante un muestreo *insuficiente* se conoce como *aliasing* o solapamiento. Se produce cuando la frecuencia de muestreo es inferior a la frecuencia de Nyquist y afecta a las altas frecuencias, que se ven transformadas en bajas frecuencias ficticias. En la práctica, cuando no hay posibilidad de aumentar la frecuencia de muestreo, se aplica primero un filtro que elimine las altas frecuencias con objeto de eliminar el problema generado por el submuestreo.

Los coches de fórmula 1, con una rueda de radio 50 cm a 360 km/h hacen que ésta gire más de 30 veces por segundo. Idealmente necesitaríamos una frecuencia de muestreo de más de 60 Hz. Si usamos una cámaras de vídeo digital con una tasa de muestreo claramente inferior, cuando reproduzcamos el vídeo percibiremos que la rueda gira al revés.

7.5.2. El teorema del muestreo y el CD

Podemos describir ahora cómo funciona un CD. Supongamos que $f : \mathbb{R} \to \mathbb{R}$ representa la amplitud de una onda de sonido. Esto es, en algún tiempo t, $f(t)$ representa la altura de la onda de sonido f. La transformada de Fourier $\widehat{f}(\xi)$ representa la frecuencia de esta onda de sonido f. Esto quiere decir que el valor absoluto de $\hat{f}(\xi)$ es grande si f está oscilando en la frecuencia ξ. Los seres humanos sólo oyen sonidos a frecuencias menores que 20000 Hz aproximadamente. Así, podemos asumir por ejemplo,

$$\widehat{f}(\xi) = 0, \quad |\xi| > 22000$$

El teorema de muestreo asegura que si tomamos una muestra de la amplitud de la onda f alrededor de 44000 veces por segundo (con 1/44000 segundos entre cada muestra), entonces podemos recuperar la onda f completamente.

En particular, en un CD se almacenan muestras de la función f en estos tiempos discretos. El teorema de Shannon nos enseña cómo se recupera el sonido desde lo almacenado en el CD.

En un MP3 se almacena la información desde una perspectiva diferente. Mientras que en un CD se almacenan muestras de la amplitud de la misma onda de sonido, en un MP3 se almacena información sobre las frecuencias de dicha onda.

En una primera etapa, se considera la señal acústica f en bloques separados de unos $0,1$ segundos, por ejemplo. Consideramos ahora la función

$$h(x) = 1 \text{ si } 0 \leq x \leq 0,1 \; ; \quad h(x) = 0 \text{ en otro caso.}$$

Ahora se toma la transformada de Fourier de fh (el MP3 no usa exactamente la transformada de Fourier, sino un operador semejante).

Recordemos que la transformada de Fourier de fh expresa cuánto de una determinada frecuencia tiene el sonido fh. En las señales acústicas típicas, $\widehat{fh}$ sólo será grande para unas pocas frecuencias. El MP3 guarda estas frecuencias e ignora el resto de la información. El proceso se repite tomando transformadas del producto de f por trasladadas de h.

El modo exacto en que implementemos este procedimiento afecta al tamaño del archivo MP3 y a la calidad del sonido. Si descartamos demasiadas frecuencias, la calidad será baja. Si no ignoramos demasiadas frecuencias, el tamaño será grande.

Como almacenamos la mayoría de la información sobre $\widehat{fh}$, si aplicamos la fórmula de inversión a la información almacenada en el MP3, conseguimos recuperar fh de forma aproximada.

En resumen, el CD almacena valores de la misma onda física de sonido y el MP3 almacena la mayor parte de los valores de las frecuencias de la onda.

De hecho, JPEG usa una estrategia similar a la del MP3 para almacenar información visual. La voz en los teléfonos y los vídeos de Youtube se transmiten con esquemas similares a los del MP3.

7.6. Ejercicios

Ejercicio 7.1. Para cada $a > 0$ sea $f_a(x) = e^{-a\pi x^2}$. Usando el operador de dilatación, deduce del ejemplo 7.1.10 que la transformada de Fourier de f_a es $\frac{1}{\sqrt{a}} f_{\frac{1}{a}}$.

Ejercicio 7.2. Dado $a > 0$ sea $f_a(x) = \frac{a}{\pi(x^2+a^2)}$. Usando el ejemplo 7.1.5, deducir que $f_a * f_b = f_{a+b}$.

Ejercicio 7.3. Calcula la transformada de Fourier de las funciones $f(x) = \frac{1}{(x^2+a^2)^2}$ y $g(x) = \frac{x}{(x^2+a^2)^2}$.

Ejercicio 7.4. Calcula la transformada de Fourier de las funciones $f = \chi_{(-b,b)}$ y $g(x) = \frac{\sin(ax)}{\pi x}$ $(a, b > 0)$. Notar que $g \in L^2(\mathbb{R}) \setminus L^1(\mathbb{R})$.

Ejercicio 7.5. Encuentra la transformada de Fourier de las funciones

$$f(x) = \frac{1}{1+x^2}, \quad g(x) = \int_{-a}^{a} \frac{dy}{1+(x-y)^2}, \quad (a > 0).$$

Ejercicio 7.6. Sea f medible en $\mathbb{R}$. Demostrar que si $(1+x^2)^N f(x)$ es acotada para todo N, entonces

$$(1+x^2)^N f(x) \in L^2(\mathbb{R})$$

para todo N. Deducir que si $f \in C^\infty(\mathbb{R})$ y $f^{(N)} \in L^1(\mathbb{R})$ para todo N, entonces $f^{(N)} \in L^2(\mathbb{R})$ para todo N.

Ejercicio 7.7. Demostrar que si $(1+x^2)^N f(x) \in L^2(\mathbb{R})$ para todo N, entonces $(1+x^2)^N f(x) \in L^1(\mathbb{R})$ para todo N. Deducir que si $f \in C^\infty(\mathbb{R})$ y $f^{(N)} \in L^2(\mathbb{R})$ para todo N, entonces $f^{(N)} \in L^\infty(\mathbb{R})$ para todo N.

Ejercicio 7.8. Sea $g(x) = e^{-\pi x^2}$. Demostrar que $\{T_a g : a \in \mathbb{R}\}$ genera un subespacio denso en $L^2(\mathbb{R})$.

Ejercicio 7.9. Sean $f, g \in \mathscr{S}(\mathbb{R})$ tales que $f * g = 0$. ¿Se puede deducir que $f = 0$ o $g = 0$? ¿Y si $f = g$?

Ejercicio 7.10. Calcular la transformada de Fourier de la función $f(x) = xe^{-|x|}$, y usarla para demostrar que

$$\int_{-\infty}^{\infty} \frac{x^2}{(1+x^2)^4} \, dx = \frac{\pi}{16}.$$

Ejercicio 7.11. Calcular la transformada de Fourier de la distribución temperada definida por la función $f(x) = \cos(2\pi\lambda x)$, siendo λ un parámetro real.

Ejercicio 7.12. Sean p un polinomio y T una distribución temperada. Demostrar que

$$(pT)(f) := T(pf), \ f \in \mathscr{S}(\mathbb{R}^d)$$

define una distribución temperada. Concluir que las identidades

$$\widehat{D^\alpha f}(\xi) = (2\pi i \xi)^\alpha \widehat{f}(\xi),$$

$$D^\alpha \widehat{f}(\xi) = (-2\pi i)^{|\alpha|} \widehat{x^\alpha f(x)}(\xi),$$

son válidas también para distribuciones temperadas.

Ejercicio 7.13. Encuentra la transformada de Fourier de la distribución temperada $T \in \mathscr{S}'(\mathbb{R}^2)$ definida por

$$T(\varphi) = \frac{\partial \varphi}{\partial x}(0,0), \ \varphi \in \mathscr{S}(\mathbb{R}^2).$$

Ejercicio 7.14. Estudia si la transformada de Fourier de la función

$$f(x) = e^{-|x|^2} \chi_B(x)$$

está en $L^1(\mathbb{R}^d)$, siendo B la bola unidad de $\mathbb{R}^d$.

Ejercicio 7.15. (a) Calcula la transformada de Fourier de $h(x) = e^{-\lambda|x|}$, siendo $\lambda > 0$.

(b) Sea $f \in \mathscr{S}(\mathbb{R})$ y supongamos que $f'' - \lambda^2 f = -g$, siendo $\lambda > 0$. Tomando transformadas de Fourier, deduce que

$$f(x) = \frac{1}{2\lambda} \int_{-\infty}^\infty e^{-\lambda|x-y|} g(y)\,dy.$$

Ejercicio 7.16. Consideramos la ecuación del calor unidimensional

$$\begin{cases} \frac{\partial u}{\partial t} = \frac{\partial^2 u}{\partial x^2}, & -\infty < x < \infty,\, t > 0 \\ u(x,0) = f(x) \end{cases}$$

siendo f una función en la clase de Schwartz. Definimos

$$\widehat{u}(\xi,t) = \int_{-\infty}^\infty u(x,t) e^{-2\pi i x \xi}\,dx.$$

Se pide:

(a) Comprobar que $\widehat{u}(\xi,t) = \widehat{f}(\xi) e^{-4\pi^2 \xi^2 t}$.

(b) Deducir una expresión para $u(x,t)$.

143

Capítulo 8

Aplicaciones del análisis de Fourier

8.1. Un problema ergódico

Veamos ahora una aplicación de los resultados sobre densidad de los polinomios trigonométricos en $L^1(\mathbb{T})$ en un contexto totalmente diferente. Quizás sea conveniente leer antes la sección 5.5.

Teorema 8.1.1. *Sea f continua de período 1 y sea $\{x_k\}$ la progresión aritmética dada por $x_k = x_0 + k\gamma$, donde x_0 es arbitrario y γ es un número irracional. Entonces*

$$\lim_N \frac{f(x_1) + f(x_2) + \cdots + f(x_N)}{N} = \int_0^1 f(t)\, dt$$

Demostración. La serie de Fourier de f es de la forma

$$f(x) \sim \sum_{k=-\infty}^{\infty} c_k e^{2\pi i k x}.$$

Veamos que el teorema se cumple si

$$f(x) = e^{2\pi i k x}, \ k \in \mathbb{Z},$$

y, por tanto, se cumple para todo polinomio trigonométrico. En efecto,

$$\frac{f(x_1) + f(x_2) + \cdots + f(x_N)}{N} = 1 = \int_0^1 f(t)$$

si $k = 0$. Cuando $k \neq 0$ se cumple $\int_0^1 f(t)\, dt = 0$. Por otra parte, al ser γ irracional, $e^{2\pi i k \gamma} \neq 1$ y obtenemos

$$|f(x_1) + f(x_2) + \cdots + f(x_N)| = \left| \frac{e^{2\pi i k (N+1)\gamma} - e^{2\pi i k \gamma}}{e^{2\pi i k \gamma} - 1} \right| \leq \frac{2}{|e^{2\pi i k \gamma} - 1|}$$

por lo que
$$\lim_N \frac{f(x_1)+f(x_2)+\cdots+f(x_N)}{N} = 0.$$

Sea ahora f una función continua arbitraria de período 1. Fijado $\varepsilon > 0$, aplicamos el teorema de Fejér para encontrar un polinomio trigonométrico

$$P(x) = \sum_{k=-n}^{n} d_k e^{2\pi i k x}$$

tal que $|f(x) - P(x)| \leq \varepsilon$ para todo $x \in \mathbb{R}$. Sabemos que

$$\lim_N \frac{1}{N} \sum_{k=1}^{N} P(x_k) = \int_0^1 P(t)\,dt.$$

Además

$$\left| \frac{1}{N} \sum_{k=1}^{N} f(x_k) - \int_0^1 f(t)\,dt \right|$$

es menor o igual que

$$\left| \frac{1}{N} \sum_{k=1}^{N} P(x_k) - \int_0^1 P(t)\,dt \right| + \frac{1}{N} \sum_{k=1}^{N} |f(x_k) - P(x_k)| + \int_0^1 |f(t) - P(t)|\,dt \leq 3\varepsilon$$

cuando N es suficientemente grande. $\qquad\square$

Supongamos que $f(\theta)$ representa la temperatura (u otra propiedad física) en el punto de la circunferencia $\mathbb{T}$ de ángulo $2\pi\theta$. Una partícula se mueve sobre $\mathbb{T}$ de modo que en el instante n su posición inicial ha experimentado un giro de $2\pi n\gamma$ radianes. El teorema anterior afirma que, a largo plazo, la temperatura media experimentada por la partícula coincide con la temperatura media en la circunferencia. Es decir, la media temporal coincide con la media espacial. Esto no es cierto si γ es un número racional, ya que en este caso la órbita de la partícula sería periódica.

Si $x \in \mathbb{R}$, denotamos por $\langle x \rangle = x - \lfloor x \rfloor$ la parte fraccionaria de x. Entonces $\langle x \rangle \in [0,1)$ y se cumple que
$$x = \langle x \rangle \bmod \mathbb{Z}.$$

El siguiente resultado afirma que las partes fraccionarias de los múltiplos enteros de un número irracional están uniformemente distribuidas en el intervalo $[0,1)$.

Corolario 8.1.2 (Weyl). *Sean γ irracional y $0 < a < b < 1$. Entonces*

$$\lim_N \frac{1}{N} card(\{k \in \{1,2,\ldots,N\} \,:\, a \leq \langle k\gamma \rangle \leq b\}) = b - a.$$

145

Demostración. Basta comprobar que el teorema 8.1.1 se cumple para la función f de período 1 cuyo valor en el intervalo $[0,1)$ viene dado por $f = \chi_{[a,b]}$. Dado $\varepsilon > 0$ seleccionamos dos funciones continuas (lineales a trozos) g, h que se anulan en los extremos del intervalo $[0,1]$ y tales que $g \leq f \leq h$ y

$$\int_0^1 \big(h(t) - g(t)\big)\, dt < \varepsilon.$$

Las dos funciones se extienden a toda la recta con periodicidad 1. Por el teorema 8.1.1 aplicado a las funciones g y h se cumple que para N suficientemente grande

$$\int_0^1 g(t)\, dt - \varepsilon \leq \frac{1}{N} \sum_{k=1}^N g(k\gamma) \leq \frac{1}{N} \sum_{k=1}^N f(k\gamma) \leq \frac{1}{N} \sum_{k=1}^N h(k\gamma) \leq \int_0^1 h(t)\, dt + \varepsilon.$$

Puesto que

$$\int_0^1 g(t)\, dt \leq \int_0^1 f(t)\, dt \leq \int_0^1 h(t)\, dt,$$

se sigue que

$$\left| \frac{1}{N} \sum_{k=1}^N f(k\gamma) - \int_0^1 f(t)\, dt \right| \leq 2\varepsilon$$

cuando N es suficientemente grande. $\qquad\square$

El resultado anterior proporciona una manera de construir números pseudo-aleatorios (de aplicación por ejemplo en criptografía para generar claves, encriptar, etc.).

8.2. El problema isoperimétrico

El problema isoperimétrico consiste en averiguar qué curva encierra la mayor área de entre todas las curvas cerradas con la misma longitud. Obtendremos una solución que está basada en las series de Fourier y el teorema de Green.

Recordemos que si $f \in L^2(\mathbb{T})$ entonces

$$\sum_{n=-\infty}^{\infty} \left| \widehat{f}(n) \right|^2 = \frac{1}{2\pi} \int_{-\pi}^{\pi} |f(t)|^2\, dt.$$

Teorema 8.2.1 (Desigualdad de Wirtinger). *Sea $f \in C^1[0, 2\pi]$, de integral nula y tal que $f(0) = f(2\pi)$. Entonces*

$$\int_0^{2\pi} |f(t)|^2\, dt \leq \int_0^{2\pi} \left| f'(t) \right|^2\, dt.$$

Además, la desigualdad es estricta salvo si $f(t) = Ae^{it} + Be^{-it}$ ($A, B \in \mathbb{C}$).

146

Demostración. Mediante integración por partes se comprueba que

$$\widehat{f'}(n) = in\widehat{f}(n),\ n \in \mathbb{Z}$$

(véase la prueba de la proposición 5.4.1). Teniendo en cuenta que $\widehat{f}(0) = 0$, se obtiene

$$\frac{1}{2\pi} \int_0^{2\pi} |f(t)|^2\, dt = \sum_{n=-\infty}^{\infty} \left|\widehat{f}(n)\right|^2 \le \sum_{n=-\infty}^{\infty} n^2 \left|\widehat{f}(n)\right|^2 = \frac{1}{2\pi} \int_0^{2\pi} |f'(t)|^2\, dt.$$

Además, la igualdad solo se puede dar en el caso en que $\widehat{f}(n) = 0$ siempre que $|n| \ge 2$. $\qquad\square$

Teorema 8.2.2. *El área encerrada por una curva de longitud 2π es menor que π, salvo si es la circunferencia de radio 1.*

Demostración. Sea una curva cerrada α de longitud 2π y parametrizada según $\alpha(t) = (x(t), y(t))$, $t \in [0, 2\pi]$, en función de la longitud de arco; es decir, la longitud del trozo de curva entre $(x(0), y(0))$ y $(x(t), y(t))$ es t. Suponemos que $x(t), y(t)$ son funciones de clase C^1 en $[0, 2\pi]$, α es inyectiva en $[0, 2\pi)$ y $\alpha(0) = \alpha(2\pi)$. Por la expresión para la longitud de arco, se tiene

$$\int_0^t \sqrt{(x'(s))^2 + (y'(s))^2}\, ds = t$$

de donde $(x'(t))^2 + (y'(t))^2 = 1\ \forall t \in [0, 2\pi]$. Podemos suponer además que hemos colocado los ejes de coordenadas de modo que $y(0) = y(\pi) = 0$. Trasladando adecuadamente la curva en dirección horizontal, podemos suponer

$$\int_0^{2\pi} x(t)\, dt = 0.$$

Por la fórmula de Green, el área encerrada por la curva se escribe como

$$\text{AREA} = \int_0^{2\pi} x(t) y'(t)\, dt$$

y de aquí

$$\text{AREA} \le \int_0^{2\pi} \frac{(x(t))^2 + (y'(t))^2}{2}\, dt = \int_0^{2\pi} \frac{(x(t))^2 + 1 - (x'(t))^2}{2}\, dt$$

$$= \pi + \int_0^{2\pi} \frac{(x(t))^2 - (x'(t))^2}{2}\, dt \le \pi.$$

147

La última integral es menor o igual que cero por la desigualdad de Wirtinger.

Por tanto, hemos demostrado que el área es menor o igual que π y como una circunferencia de longitud 2π rodea un círculo de área π, rodea el área máxima. Para comprobar que es el único caso debemos analizar si las desigualdades que hemos escrito en la demostración son estrictas o no. Ya hemos visto antes que la de Wirtinger es igualdad si $x(t) = A\cos t + B\sin t$ para algunas constantes $A, B \in \mathbb{R}$. Para que se cumpla $2x(t)y'(t) = (x(t))^2 + (y'(t))^2$, debe darse $x(t) = y'(t)$. Entonces $y'(t) = A\cos t + B\sin t$, lo que implica $y(t) = A\sin t - B\cos t + C$. Exigiendo que $y(0) = y(\pi) = 0$ queda $y(t) = A\sin t$, $x(t) = A\cos t$. Como α está parametrizada por la longitud de arco, $A = \pm 1$, y así se trata de una circunferencia. $\qquad\square$

8.3. Desigualdad de Heisenberg

El término *Principio de incertidumbre* recoge una serie de resultados que expresan que *si $f \neq 0$, f y $\hat{f}$ no pueden estar simultáneamente bien localizadas*. El significado de *bien localizado* es lo que hay que precisar. El principio de incertidumbre de Heisenberg es el más conocidos de los llamados *principios cuantitativos*, que se expresan como desigualdades que involucran a una función y a su transformada. Este resultado no aparece demostrado en los trabajos de Heisenberg, que ofrecen una formulación física de dicho principio pero contienen poca precisión matemática. Dicha omisión fue rectificada por Weyl, quien atribuye tanto su formulación precisa como su demostración a Pauli.

Teorema 8.3.1 (Desigualdad de Heisenberg-Pauli). *Si $f \in \mathscr{S}(\mathbb{R})$ entonces*

$$\left(\int_{-\infty}^{\infty} x^2 |f(x)|^2 \, dx \right) \cdot \left(\int_{-\infty}^{\infty} \xi^2 |\hat{f}(\xi)|^2 \, d\xi \right) \geq \frac{\|f\|_2^4}{16\pi^2}.$$

Si f es real, la igualdad se da si y sólo si $f(x) = e^{-ax^2}$, siendo $a > 0$.

Demostración. Sabemos que $\widehat{f'}(\xi) = 2\pi i \xi \hat{f}(\xi)$, por tanto

$$\left(\int_{-\infty}^{\infty} x^2 |f(x)|^2 \, dx \right) \cdot \left(\int_{-\infty}^{\infty} \xi^2 |\hat{f}(\xi)|^2 \, d\xi \right)$$

coincide con

$$\frac{1}{4\pi^2} \left(\int_{-\infty}^{\infty} x^2 |f(x)|^2 \, dx \right) \cdot \left(\int_{-\infty}^{\infty} |\widehat{f'}(\xi)|^2 \, d\xi \right).$$

Por la desigualdad de Cauchy-Schwarz y el teorema de Plancherel lo anterior es mayor o igual que

$$\frac{1}{4\pi^2} \left| \int_{-\infty}^{\infty} x f(x) \overline{f'(x)} \, dx \right|^2$$

y por tanto mayor o igual que

$$\frac{1}{4\pi^2}\left|\text{Re}\int_{-\infty}^{\infty}xf(x)\overline{f'(x)}\,dx\right|^2.$$

Como $|f(x)|^2 = f(x)\overline{f(x)}$, derivando tenemos

$$\frac{d}{dx}|f(x)|^2 = f'(x)\overline{f(x)} + f(x)\overline{f'(x)} = 2\text{Re}\left(f(x)\overline{f'(x)}\right),$$

con lo cual

$$\frac{1}{4\pi^2}\left|\text{Re}\int_{-\infty}^{\infty}xf(x)\overline{f'(x)}\,dx\right|^2 = \frac{1}{16\pi^2}\left|\int_{-\infty}^{\infty}x\frac{d}{dx}|f(x)|^2\,dx\right|^2.$$

Calculemos ahora la última integral. Como f es de decrecimiento rápido, integrando por partes

$$\int_{-\infty}^{\infty}x\frac{d}{dx}|f(x)|^2\,dx = \lim_{a\to\infty}\int_{-a}^{a}x\frac{d}{dx}|f(x)|^2\,dx$$

$$= -\lim_{a\to\infty}\int_{-a}^{a}|f(x)|^2\,dx = -\|f\|_2^2,$$

lo que termina la prueba de la desigualdad.

Si se da la igualdad en el teorema entonces todas las desigualdades anteriores han de ser igualdades, en particular

$$\left|\int_{-\infty}^{\infty}xf(x)\overline{f'(x)}\,dx\right| = \|xf(x)\|_2\cdot\|f'\|_2,$$

lo que implica que $xf(x) = \lambda f'(x)$. Si f es real entonces f ha de ser una gaussiana. □

Corolario 8.3.2. *Si $\psi \in \mathscr{S}(\mathbb{R})$ cumple $\|\psi\|_2 = 1$ entonces*

$$\left(\int_{-\infty}^{\infty}(x-x_0)^2|\psi(x)|^2\,dx\right)\cdot\left(\int_{-\infty}^{\infty}(\xi-\xi_0)^2|\widehat{\psi}(\xi)|^2\,d\xi\right) \geq \frac{1}{16\pi^2}$$

para cualesquiera $x_0, \xi_0 \in \mathbb{R}$.

Demostración. Basta aplicar el teorema 8.3.1 a la función

$$f(x) = e^{-2\pi i\xi_0 x}\psi(x+x_0).$$

□

Si un electrón viaja a lo largo de la recta real, su posición viene determinada por una *función de estado* ψ que cumple $\|\psi\|_2 = 1$. De acuerdo con la física cuántica, la probabilidad de que el electrón esté localizado en el intervalo (a,b) viene dada por

$$\int_a^b |\psi(x)|^2\, dx.$$

De este modo $|\psi(x)|^2$ actúa como una densidad de probabilidad. Si x_0 es la media de la correspondiente distribución de probabilidad entonces

$$\int_{-\infty}^{\infty} (x - x_0)^2 |\psi(x)|^2\, dx$$

es la varianza de la distribución. Siguiendo con la física cuántica (y cambiando la unidad de medida para que no aparezca la constante de Planck), la probabilidad de que el momento de la partícula se encuentre en el intervalo (a,b) viene dada por

$$\int_a^b |\widehat{\psi}(\xi)|^2\, d\xi.$$

La desigualdad de Heisenberg proporciona una cota inferior para el producto de las varianzas de las dos distribuciones de probabilidad que *gobiernan* la posición y el momento de la partícula. Dicho de otro modo, cuánto más localizada esté la posición de la partícula, menos localizado estará el momento (y viceversa).

El principio de Heisenberg se puede interpretar también del siguiente modo:

Supongamos que f y $\widehat{f}$ se concentran *esencialmente* alrededor del origen en el sentido de que

$$\int_{-\infty}^{\infty} x^2 |f(x)|^2\, dx \approx \int_{-\delta}^{\delta} x^2 |f(x)|^2\, dx$$

y

$$\int_{-\infty}^{\infty} \xi^2 |\widehat{f}(\xi)|^2\, d\xi \approx \int_{-\eta}^{\eta} \xi^2 |\widehat{f}(\xi)|^2\, d\xi$$

entonces tendremos

$$\delta^2 \eta^2 \|f\|_2^4 \geq \left(\int_{-\delta}^{\delta} x^2 |f(x)|^2\, dx \right) \left(\int_{-\eta}^{\eta} \xi^2 |f(\xi)|^2\, d\xi \right) \gtrapprox \frac{\|f\|_2^4}{16\pi^2},$$

de donde

$$\delta\eta \gtrapprox \frac{1}{4\pi}.$$

Así pues, si δ es pequeño, η es grande y viceversa, luego cuanto más se concentre f más se dispersa $\widehat{f}$.

150

8.4. Sistemas invariantes en el tiempo

El objetivo de esta sección es mostrar de manera sucinta y poco rigurosa algunas aplicaciones del análisis de Fourier.

En matemáticas hablamos de funciones pero en las aplicaciones se usa una terminología diferente para designar los mismos objetos abstractos. En dimensión $n = 1$ la variable t a menudo significa el tiempo y f se llama señal. En dimensión $n = 2$, $f(x, y)$ puede representar, dentro de una gama de colores, el nivel de color de un píxel en la posición del plano (x, y). Para un matemático, la transformada de Fourier es un operador lineal entre espacios de funciones. Se trata de una transformación íntimamente relacionada con la estructura de $\mathbb{R}^n$ de grupo abeliano. Para un ingeniero, ξ es una frecuencia y $\widehat{f}(\xi)$ es la amplitud de la frecuencia ξ. Las funciones cuya transformada tiene soporte compacto se llaman funciones (o señales) de banda limitada y aparecen con frecuencia en las aplicaciones. El operador de traslación

$$T_a f(t) = f(t - a)$$

se interpreta como un retraso. Por su parte el operador de modulación

$$M_a f(t) = f(t) e^{2\pi i t a}$$

produce una traslación en la frecuencias dado que

$$\widehat{M_a f}(\xi) = \widehat{f}(\xi - a).$$

El operador de dilatación $D_a f(t) = a f(at)$, produce un re-escalado en las frecuencias, ya que

$$\widehat{D_a f} = \widehat{f}(\xi / a.)$$

Si f es una señal de banda limitada, digamos $\operatorname{sop} \widehat{f} \subset [-A, A]$, la acción combinada de la modulación y la dilatación cambiará f por una señal $M_b D_a f$ cuya transformada de Fourier está soportada en $[b - Aa, b + Aa]$, es decir podemos modificar la señal de modo que ocupe una banda de frecuencias prefijada. Este hecho es clave por ejemplo para la transmisión de voz y datos por la línea telefónica.

Un sistema es cualquier proceso que transforma cierta clase de señales C_1 (señales de entrada) en otra clase de señales C_2 (señales de salida), es decir, un sistema es una aplicación de C_1 en C_2. Si las clases C_1 y C_2 son espacios vectoriales y la aplicación L considerada entre ellas es lineal, se dice que el sistema es lineal, y si además los conjuntos de señales de entrada y salida tienen estructura topológica, se consideran sistemas continuos. Así por ejemplo, son sistemas lineales los operadores de traslación, modulación y dilatación. Un sistema L se dice invariante en el tiempo si un retraso en la señal de entrada produce como único efecto el mismo retraso en la señal de salida. Dicho de otro modo, si

$LT_a f = T_a(Lf)$. Se puede demostrar que los sistemas invariantes en el tiempo son siempre de la forma $L(f) = f * k$, aunque k no necesariamente será una función sino, por ejemplo, una distribución temperada. Usando la fórmula de inversión y que $\widehat{f * k}(\xi) = \widehat{f}(\xi)\widehat{k}(\xi)$ obtenemos, al menos si tanto f como k son lo suficientemente buenas, que

$$L(f)(t) = \int_{-\infty}^{\infty} \widehat{f}(\xi)\widehat{k}(\xi)e^{2\pi i \xi t}\, dt.$$

Si esta igualdad la escribimos como

$$L(f) = \mathscr{F}^{-1}(\widehat{f}h)$$

donde $h = \widehat{k}$ observamos que, para que L sea un operador lineal y continuo en $L^2(\mathbb{R})$ basta que h esté acotada. La operación que acabamos de describir es un *filtrado* de la señal. Por ejemplo, se sabe que las frecuencias que el oído humano es capaz de percibir se encuentran entre 20Hz y 20.000Hz. Por tanto, al almacenar una grabación, podemos eliminar las frecuencias que estén fuera de esa banda, es decir en la fórmula anterior tomaríamos h como la característica de un intervalo. Se sabe también que al transferir una señal, ésta se distorsiona por lo que se conoce como ruido de red, normalmente bajas frecuencias. Para eliminar ese ruido, se utiliza un filtro que consiste en multiplicar $\widehat{f}$ por una función acotada que vale cero para frecuencias bajas y aplicar después la transformada inversa.

8.5. Fórmula de sumación de Poisson

La definición de la transformada de Fourier venía motivada por el deseo de tener una versión continua de las series de Fourier, aplicable a funciones definidas en la recta real. Mostraremos ahora que existe una conexión importante entre el análisis en la circunferencia y el análisis en la recta real.

Dada una función $f \in \mathscr{S}(\mathbb{R})$, podemos asociarle una función periódica (con período $T = 1$) según la fórmula

$$F_1(x) = \sum_{n=-\infty}^{\infty} f(x+n).$$

Al ser f rápidamente decreciente, la serie anterior converge absoluta y uniformemente sobre cada subconjunto compacto de $\mathbb{R}$. En efecto, si $|x| \le k$ y $|n| > k$ entonces $|x+n| \ge |n| - k$ y existe una constante $C > 0$ tal que

$$\sum_{n=-\infty}^{\infty} |f(x+n)| \le \sum_{|n| \le k} |f(x+n)| + \sum_{|n| > k} \frac{C}{(|n|-k)^2}.$$

Existe otra manera de conseguir una *versión periódica* de f usando análisis de Fourier. Esta vez empezamos con la expresión

$$f(x) = \int_{-\infty}^{\infty} \hat{f}(\xi)e^{2\pi i\xi x}dx$$

y consideramos su formulación discreta:

$$F_2(x) = \sum_{n=-\infty}^{\infty} \widehat{f}(n)e^{2\pi inx}.$$

Esta serie converge absoluta y uniformemente pues $\widehat{f}$ es rápidamente decreciente. El hecho fundamental es que las dos periodizaciones coinciden.

Teorema 8.5.1. *Si $f \in \mathscr{S}(\mathbb{R})$ entonces*

$$\sum_{n=-\infty}^{\infty} f(x+n) = \sum_{n=-\infty}^{\infty} \widehat{f}(n)e^{2\pi inx}.$$

En particular, tomando $x = 0$,

$$\sum_{n=-\infty}^{\infty} f(n) = \sum_{n=-\infty}^{\infty} \widehat{f}(n).$$

Demostración. Puesto que ambas expresiones definen funciones que son continuas y con período $T = 1$, basta probar que tienen los mismos coeficientes de Fourier. Es claro que el coeficiente de Fourier m-ésimo de la función de la derecha es $\widehat{f}(m)$. El correspondiente coeficiente de Fourier de la función de la izquierda es

$$\int_0^1 \left(\sum_{n=-\infty}^{\infty} f(x+n) \right) e^{-2\pi imx}dx = \sum_{n=-\infty}^{\infty} \int_0^1 f(x+n)e^{-2\pi imx}dx$$

$$= \sum_{n=-\infty}^{\infty} \int_n^{n+1} f(y)e^{-2\pi imy}dy$$

$$= \int_{-\infty}^{\infty} f(y)e^{-2\pi imy}dy = \widehat{f}(m).$$

$\square$

El teorema anterior nos dice que los coeficientes de Fourier de la periodización de f vienen dados por la transformada de Fourier en los enteros. El teorema se puede extender al caso en que $f \in L^1(\mathbb{R})$ y existen $C > 0$ y $\varepsilon > 0$ tales que

$$|f(x)| \le \frac{C}{(1+|x|)^{1+\varepsilon}}, \quad \left|\widehat{f}(\xi)\right| \le \frac{C}{(1+|\xi|)^{1+\varepsilon}}.$$

Ejemplo 8.5.2. Consideramos ahora el peine de Dirac $T \in \mathscr{S}'(\mathbb{R})$ definido por

$$< T, f > = \sum_{n \in \mathbb{Z}} f(n).$$

Abreviadamente,

$$T = \sum_{n \in \mathbb{Z}} \delta_n.$$

Entonces, por la fórmula de sumación de Poisson,

$$< \widehat{T}, f > = \sum_{n \in \mathbb{Z}} \widehat{f}(n) = \sum_{n \in \mathbb{Z}} f(n) = < T, f > .$$

Es decir $\widehat{T} = T$. □

Ejemplo 8.5.3. Para cada $a > 0$ se define $\Theta(a) = \sum_{n=-\infty}^{\infty} e^{-\pi n^2 a}$. La función Θ juega un papel importante en teoría de números. Veamos que

$$\Theta(\frac{1}{a}) = \sqrt{a}\Theta(a).$$

Para ello tomamos $f(x) = e^{-\pi x^2}$ y aplicamos el teorema 8.5.1 a la función $x \mapsto \frac{1}{b} f(\frac{x}{b})$, obteniendo

$$\sum_{n=-\infty}^{\infty} f(\frac{n}{b}) = b \sum_{n=-\infty}^{\infty} \widehat{f}(nb).$$

Puesto que $\widehat{f} = f$, tomando $b = \sqrt{a}$ se concluye $\Theta(\frac{1}{a}) = \sqrt{a}\Theta(a)$. □

8.6. Transformada de Fourier discreta

Consideramos el grupo $(\mathbb{Z}(N), \cdot)$ de las raíces N-ésimas de la unidad:

$$\mathbb{Z}(N) = \{ 1, e^{\frac{2\pi i}{N}}, e^{2\frac{2\pi i}{N}}, \ldots, e^{(N-1)\frac{2\pi i}{N}} \}.$$

Se trata de un grupo abeliano sencillo que permite, si tomamos funciones definidas en sus puntos, una aproximación a las funciones definidas en la circunferencia.

Puesto que

$$e^{m\frac{2\pi i}{N}} = e^{n\frac{2\pi i}{N}} \iff n = m \ (mod \ N),$$

resulta que $(\mathbb{Z}(N), \cdot)$ es isomorfo al grupo cociente $(\mathbb{Z}/N\mathbb{Z}, +)$.

Escribiremos a partir de ahora $(\mathbb{Z}(N), +)$ para representar ambos grupos.

Sean ahora V y W los espacios vectoriales de las funciones con valores complejos definidas en el grupo de los enteros módulo N y en el grupo de las raíces N-ésimas de la unidad, respectivamente.

Podemos identificar V y W según

$$F(k) \iff f(e^{k\frac{2\pi i}{N}}) \quad \text{donde} \quad F \in V, \, f \in W.$$

Veamos ahora cómo construir el análisis de Fourier sobre este grupo.

Proposición 8.6.1. *(i) El espacio vectorial $V = \{F : \mathbb{Z}(N) \longrightarrow \mathbb{C}\}$ es un espacio de Hilbert con el producto escalar:*

$$< F, G > = \sum_{k=0}^{N-1} F(k)\overline{G(k)}.$$

(ii) El sistema $\{e_n : n = 0, 1, \ldots, N-1\}$ es una base ortogonal del espacio de Hilbert V, donde

$$e_n(k) = e^{\frac{2\pi i}{N}kn}, \quad k \in \mathbb{Z}.$$

Demostración.

$$< e_n, e_m > = \sum_{k=0}^{N-1} e_n(k)\overline{e_m(k)} = \sum_{k=0}^{N-1} e^{(n-m)k\frac{2\pi i}{N}} = N\delta_{n,m}.$$

$\square$

Dada $F \in V$, definimos sus *coeficientes de Fourier* según:

$$\widehat{F}(n) = \sum_{k=0}^{N-1} F(k)e^{-\frac{2\pi i}{N}kn} = < F, e_n > .$$

Como consecuencia de la teoría conocida sobre los espacios de Hilbert, podemos ya enunciar la fórmula de inversión y la identidad de Plancherel:

Teorema 8.6.2. *Si F es una función compleja definida en $\mathbb{Z}(N)$ entonces*

$$F(k) = \frac{1}{N}\sum_{n=0}^{N-1} \widehat{F}(n)e^{\frac{2\pi i}{N}kn}, \qquad \frac{1}{N}\sum_{k=0}^{N-1} |\widehat{F}(k)|^2 = \sum_{k=0}^{N-1} |F(k)|^2.$$

Demostración. Basta observar que $\left\{ \frac{e_k}{\sqrt{N}} : 1 \leq k \leq N-1 \right\}$ es una base ortonormal de V y

$$\widehat{F}(k) = \langle F, e_k \rangle.$$

$\square$

Una función $F : \mathbb{Z}(N) \longrightarrow \mathbb{C}$ viene determinada por una secuencia finita de números complejos

$$\{x(0),\dots,x(N-1)\},$$

donde $x(k) = F(k)$.

Definición 8.6.3. *La transformada de Fourier discreta de la secuencia finita de números complejos $\{x(0),\dots,x(N-1)\}$ es la secuencia $\{X(0),\dots,X(N-1)\}$, donde*

$$X(n) = \sum_{k=0}^{N-1} x(k) e^{-\frac{2\pi i}{N}kn}.$$

Por el teorema 8.6.2 tenemos

$$x(k) = \frac{1}{N} \sum_{n=0}^{N-1} X(n) e^{\frac{2\pi i}{N}kn}$$

Interpretación. Sea $f : [0,T] \to \mathbb{R}$ una función de la que conocemos N muestras

$$x_k = f(\frac{k}{N}T),\ k = 0, 1, \dots, N-1.$$

Si T representa la duración de la señal en segundos entonces la frecuencia de muestreo (muestras por segundo) es $\frac{N}{T}$. La función f no se puede *calcular* pero sí podemos encontrar un polinomio trigonométrico

$$P(x) = \sum_{n=0}^{N-1} c_n e^{\frac{2\pi i}{T}nx},\ \ x \in (0,T), \tag{8.6.1}$$

tal que $x_k = P(\frac{k}{N}T)$. Por el teorema 8.6.2, la identidad anterior se cumple cuando

$$c_n = \frac{X(n)}{N}.$$

Esto quiere decir que $\{X(0),\dots,X(N-1)\}$ son (salvo el factor N) los coeficientes de Fourier del polinomio trigonométrico (de período T) que interpola la función f en los puntos kT/N, $k = 0,\dots,N-1$.

Supongamos ahora que N es par. Cuando $N > n > \frac{N}{2}$, reemplazamos $e^{\frac{2\pi i}{T}nx}$ por $e^{\frac{2\pi i}{T}(n-N)x}$ en (8.6.1) ya que ambas exponenciales coinciden en los puntos $\frac{k}{N}T$. Así conseguimos que las frecuencias que intervienen en el polinomio trigonométrico *interpolante* estén en $[-\frac{N}{2T}, \frac{N}{2T}]$, de modo que el *ancho de banda* de la *discretización* de la señal f es la mitad de la frecuencia de muestreo, lo que es coherente con

el teorema de Shannon (aunque dicho teorema se refiere solo a señales continuas).
$\square$

Ejemplo. Calculemos usando notación matricial la transformada discreta de $a = (1, 0, 5, 1)$. Se tiene

$$\hat{a} = \begin{pmatrix} 1 & 1 & 1 & 1 \\ 1 & -i & -1 & i \\ 1 & -1 & 1 & -1 \\ 1 & i & -1 & -i \end{pmatrix} \cdot \begin{pmatrix} 1 \\ 0 \\ 5 \\ 1 \end{pmatrix} = \begin{pmatrix} 7 \\ -4+i \\ 5 \\ -4-i \end{pmatrix}.$$

Observamos que, siendo $\omega = e^{-\frac{2\pi i}{N}}$, el elemento de la matriz que ocupa la fila n y columna k ($n, k = 0, \ldots, N-1$) viene dado por ω^{nk}. En nuestro ejemplo, $N = 4$ y $\omega = -i$. $\square$

8.6.1. La transformada rápida de Fourier.

La explicación del algoritmo se ha extraído de [4].

El cálculo de una transformada de Fourier discreta requiere N^2 multiplicaciones. Si N es par se puede organizar el cálculo de modo que se realicen dos transformadas de Fourier discretas en $\mathbb{C}^{N/2}$ y una combinación adecuada de ellas. Esto reduce el número de multiplicaciones a aproximadamente la mitad. Se puede aplicar sucesivamente el mismo proceso y al final el número de multiplicaciones se reduce considerablemente. Ésta es la idea de la transformada rápida de Fourier.

Antes de situarnos en el caso general veremos el caso $N = 4$. Ahora $\omega = -i$ y la transformada es

$$\begin{pmatrix} \hat{f}(0) \\ \hat{f}(1) \\ \hat{f}(2) \\ \hat{f}(3) \end{pmatrix} = \begin{pmatrix} 1 & 1 & 1 & 1 \\ 1 & -i & -1 & i \\ 1 & -1 & 1 & -1 \\ 1 & i & -1 & -i \end{pmatrix} \begin{pmatrix} f(0) \\ f(1) \\ f(2) \\ f(3) \end{pmatrix}.$$

Escribamos los elementos de la última matriz columna de modo que aparezcan primero los de variable par y después los de variable impar; esto exige cambiar el orden de las columnas de la matriz:

$$\begin{pmatrix} \hat{f}(0) \\ \hat{f}(1) \\ \hat{f}(2) \\ \hat{f}(3) \end{pmatrix} = \begin{pmatrix} 1 & 1 & 1 & 1 \\ 1 & -1 & -i & i \\ 1 & 1 & -1 & -1 \\ 1 & -1 & i & -i \end{pmatrix} \begin{pmatrix} f(0) \\ f(2) \\ f(1) \\ f(3) \end{pmatrix}.$$

157

Si dividimos la matriz resultante en cuatro matrices 2×2, observamos que las dos de la izquierda son iguales y corresponden a la matriz de la transformada discreta de Fourier en $\mathbb{C}^2$ y que las de la derecha resultan de multiplicar las filas de la izquierda por $1, -i, -1$ e i, respectivamente, que son $\omega^0, \omega^1, \omega^2$ y ω^3.

Definimos los elementos f_p y f_i de $\mathbb{C}^2$ siguientes:

$$f_p(0) = f(0), \ f_p(1) = f(2), \ f_i(0) = f(1), \ f_i(1) = f(3).$$

Se tiene

$$\begin{pmatrix} \hat{f}(0) \\ \hat{f}(1) \end{pmatrix} = \begin{pmatrix} 1 & 1 \\ 1 & -1 \end{pmatrix} \begin{pmatrix} f_p(0) \\ f_p(1) \end{pmatrix} + \begin{pmatrix} 1 & 1 \\ 1 & -1 \end{pmatrix} \begin{pmatrix} 1 & 0 \\ 0 & -i \end{pmatrix} \begin{pmatrix} f_i(0) \\ f_i(1) \end{pmatrix}.$$

$$\begin{pmatrix} \hat{f}(2) \\ \hat{f}(3) \end{pmatrix} = \begin{pmatrix} 1 & 1 \\ 1 & -1 \end{pmatrix} \begin{pmatrix} f_p(0) \\ f_p(1) \end{pmatrix} + \begin{pmatrix} 1 & 1 \\ 1 & -1 \end{pmatrix} \begin{pmatrix} -1 & 0 \\ 0 & i \end{pmatrix} \begin{pmatrix} f_i(0) \\ f_i(1) \end{pmatrix}.$$

Como vemos, la transformada de f se obtiene a partir de las de f_p y f_i. También podemos escribir el resultado del modo siguiente:

$$\hat{f}(0) = \hat{f}_p(0) + \hat{f}_i(0), \ \hat{f}(1) = \hat{f}_p(1) - i\hat{f}_i(1),$$

$$\hat{f}(2) = \hat{f}_p(0) - \hat{f}_i(0), \ \hat{f}(3) = \hat{f}_p(1) + i\hat{f}_i(1).$$

El caso general con N par funciona del mismo modo, sólo la notación resulta más complicada.

Si $N/2$ es par podemos aplicar el mismo argumento para reducir el cálculo de las transformadas en $\mathbb{C}^{N/2}$ a transformadas en $C^{N/4}$ y así sucesivamente. El caso más favorable es aquel en que N es una potencia de 2, que acaba reduciendo el proceso a calcular $N/2$ transformadas en $\mathbb{C}^2$ y a combinarlas adecuadamente.

J. W. Cooley y J. W. Tukey publicaron en 1965 el artículo *An algorithm for the machine calculation of complex Fourier series* en el que propusieron el algoritmo de la transformada rápida de Fourier. El ahorro de operaciones que la transformada rápida de Fourier supone es considerable: las N^2 multiplicaciones de la situación inicial pasan a ser del orden de $N \log N$. Véase [8] para más información.

El algoritmo de la transformada rápida de Fourier está implementado, por ejemplo, en MATLAB.

Ejemplo 8.6.4. Leemos el archivo que contiene las muestras de una señal de audio (s) y su frecuencia de muestreo (fs):

```
[s,fs]=audioread('audio.wav');
```

Para trabajar con comodidad pasamos la señal de estéreo a mono:

```
signal=0.5*(s(:,1)+s(:,2))';
```

Podemos comparar la frecuencia de muestreo con los comentarios de la sección 7.5.2:

```
fs
fs = 44100
```

Para representar la señal necesitamos un vector de tiempos y para ello hay que conocer la duración del audio, que calculamos a partir del número de muestras y la frecuencia de muestreo:

```
duracion=length(signal)/fs;
t=linspace(0,duracion,length(signal));
plot(t,signal)
t1=linspace(0,0.1,400);
s1=signal(1:400);
plot(t1,s1)
```

Hemos representado la señal completa y también una porción pequeña de la misma para que se aprecie la gráfica de una función (figura 8.1).

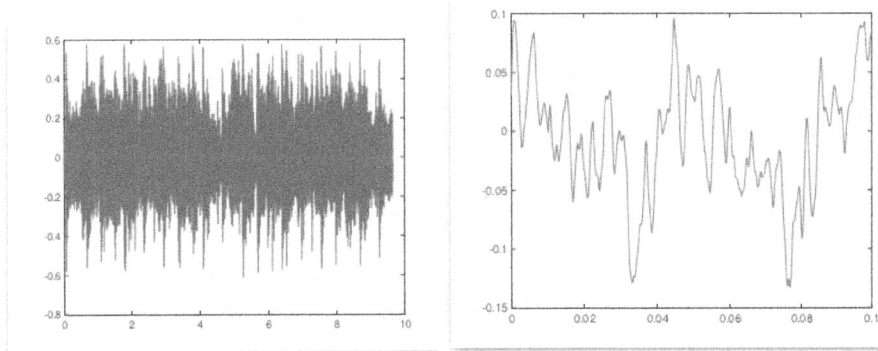

Figura 8.1: Audio

159

Por último calculamos las frecuencias de la señal con el algoritmo fft (*fast fourier transform*) y dibujamos el valor absoluto de dicha transformada. Si N es la longitud de la señal entonces la entrada $N/2$ en el vector fft se corresponde con la máxima frecuencia que interviene en la señal ($fs/2$). Las entradas posteriores, según la discusión previa, se corresponden con frecuencias negativas y carecen de significado físico. Por este motivo solo dibujamos la primera mitad del vector transformada (figura 8.2).

```
espectro=fft(signal);
S = espectro(1:length(signal)/2);
f=linspace(0,fs/2,length(S));
plot(f,abs(S));
```

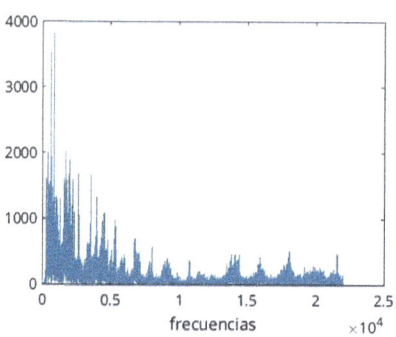

Figura 8.2: Valor absoluto de la transformada discreta

160

Capítulo 9

Algunas soluciones

9.1. Capítulo 1

Ejercicio 1.1. Demostrar que un subconjunto A de un espacio normado E es acotado si y solo si para toda sucesión $(x_n)_n$ en A y toda sucesión de escalares $(\lambda_n)_n$ que tiende a cero, la sucesión $(\lambda_n x_n)_n$ converge a cero en E.

Solución: Supongamos que A es acotado, con lo cual existe $r > 0$ tal que $\|x\| \leq r$ para todo $x \in A$. Si $(x_n)_n \subset A$ y $(\lambda_n)_n$ es una sucesión de escalares convergente a cero entonces

$$\|\lambda_n x_n\| \leq |\lambda_n|\,\|x_n\| \leq r|\lambda_n|,$$

de donde se sigue que $\lim_n \lambda_n x_n = 0$ en E.

Supongamos ahora que A no es acotado. Para cada $n \in \mathbb{N}$ existe $x_n \in A$ tal que $\|x_n\| \geq n^2$. Si tomamos $\lambda_n = \frac{1}{n}$ entonces la sucesión $(\lambda_n)_n$ converge a cero y, sin embargo, $(\lambda_n x_n)_n$ no converge a cero en E puesto que

$$\|\lambda_n x_n\| = n\|x_n\| \geq n, \ \ n \in \mathbb{N}. \ \square$$

Ejercicio 1.2. Demostrar que todo subespacio vectorial propio de un espacio normado tiene interior vacío. Deducir, usando el teorema de Baire, que no existen espacios de Banach de dimensión infinita numerable.

Solución: Sea $(E, \|\cdot\|)$ un espacio normado y F un subespacio vectorial de E, $F \neq E$. Seleccionamos un punto arbitrario $y \in E \setminus F$. Veamos que si $x_0 \in F$ y $r > 0$ entonces la bola abierta $B(x_0, r)$ no puede estar contenida en F. En efecto,

$$z := x_0 + \frac{r}{2}\frac{y}{\|y\|} \in B(x_0, r)$$

puesto que $\|z - x_0\| = \frac{r}{2} < r$. Sin embargo $z \notin F$ ya que $x_0 \in F$, $y \notin F$ y F es un subespacio vectorial. Esto resuelve la primera parte del ejercicio.

El *teorema de Baire* afirma que si (X,d) es un espacio métrico completo y $(F_n)_n$ es una sucesión de subconjuntos cerrados de X con la propiedad de que todos los conjuntos F_n carecen de puntos interiores entonces también $F = \bigcup_{n=1}^{\infty} F_n$ carece de puntos interiores.

Supongamos ahora que $(E, \|\cdot\|)$ es un espacio de Banach de dimensión infinita (como espacio vectorial) y $(e_n)_n$ es una sucesión de vectores cuya envoltura lineal es E. Para cada $m \in \mathbb{N}$ definimos

$$F_m = \text{LIN}\{e_n : 1 \le n \le m\},$$

que es un subespacio vectorial propio cerrado de E (porque F_m tiene dimensión finita). Por la primera parte del ejercicio, F_m carece de puntos interiores. De acuerdo con el teorema de Baire, también $\bigcup_{n=1}^{\infty} F_n$ carece de puntos interiores lo que es una contradicción porque $\bigcup_{n=1}^{\infty} F_n = E$. $\square$

Ejercicio 1.9. Sea c_0 el subespacio de ℓ^{∞} formado por las sucesiones convergentes a 0. Prueba que c_0 es cerrado en ℓ^{∞}. ¿Es $(c_0, \|\cdot\|_{\infty})$ un espacio de Banach?

Solución: Sea $\boldsymbol{x}^k = \left(x_n^k\right)_n \in c_0$ y supongamos que la sucesión $\left(\boldsymbol{x}^k\right)_k$ converge a $\boldsymbol{y}$ en ℓ^{∞}. Tenemos que probar que $\boldsymbol{y} \in c_0$. Para ello, fijado $\varepsilon > 0$ primero tomamos $k \in \mathbb{N}$ de modo que $\|\boldsymbol{x}^k - \boldsymbol{y}\|_{\infty} \le \frac{\varepsilon}{2}$. Ahora, por ser $\boldsymbol{x}^k \in c_0$, encontramos $n_0 \in \mathbb{N}$ tal que $|x_n^k| \le \frac{\varepsilon}{2}$ para todo $n \ge n_0$. Por último, si $n \ge n_0$ se cumple

$$|y_n| \le |x_n^k| + |y_n - x_n^k| \le |x_n^k| + \|\boldsymbol{x}^k - \boldsymbol{y}\|_{\infty} \le \varepsilon,$$

lo que demuestra que $\boldsymbol{y} \in c_0$. Queda probado que c_0 es un subespacio cerrado de ℓ^{∞}.

Si $\left(\boldsymbol{x}^k\right)_k$ es una sucesión de Cauchy en c_0 entonces también es una sucesión de Cauchy en ℓ^{∞}. Como $(\ell^{\infty}, \|\cdot\|_{\infty})$ es un espacio de Banach, existirá $\boldsymbol{y} \in \ell^{\infty}$ tal que $\lim_n \|\boldsymbol{x}^k - \boldsymbol{y}\|_{\infty} = 0$. Por ser c_0 cerrado en ℓ^{∞} concluimos que $\boldsymbol{y} \in c_0$ es límite en $(c_0, \|\cdot\|_{\infty})$ de la sucesión $\left(\boldsymbol{x}^k\right)_k$. Esto demuestra que $(c_0, \|\cdot\|_{\infty})$ es completo. $\square$

Ejercicio 1.10. Si $\alpha = (\alpha_n)_{n=1}^{\infty} \in \ell^1$, comprobar que la sucesión

$$A(\alpha) = \left(\frac{\alpha_1 + 2\alpha_2 + \ldots + n\alpha_n}{n+1}\right)_{n=1}^{\infty}$$

es acotada, que la aplicación $A : \ell^1 \to \ell^{\infty}$ es lineal y continua y $\|A\| = 1$.

Solución: Si $\alpha \in \ell^1$ y $n \in \mathbb{N}$ entonces

$$\left|\frac{\alpha_1 + 2\alpha_2 + \ldots + n\alpha_n}{n+1}\right| \le |\alpha_1| + |\alpha_2| + \ldots + |\alpha_n| \le \|\alpha\|_1.$$

Esto demuestra que $A(\alpha) \in \ell^\infty$ luego $A : \ell^1 \to \ell^\infty$ es una aplicación bien definida. Es obvio que A es lineal. Además, para cada $\alpha \in \ell^1$ se tiene

$$\|A(\alpha)\|_\infty = \sup_{n \in \mathbb{N}} \left| \frac{\alpha_1 + 2\alpha_2 + \ldots + n\alpha_n}{n+1} \right| \leq \|\alpha\|_1,$$

de donde concluimos que A es continua y $\|A\| \leq 1$. Además, como $\|e_n\|_1 = 1$ y la coordenada n-ésima de $A(e_n)$ vale $\frac{n}{n+1}$, obtenemos

$$\|A\| \geq \|A(e_n)\|_\infty \geq \frac{n}{n+1} \quad \forall n \in \mathbb{N}.$$

Tomando límites cuando $n \to \infty$ se concluye $\|A\| \geq 1$. Por tanto $\|A\| = 1$. $\square$

Ejercicio 1.11. Sean $f \in L^2(\mathbb{R}^2)$ y $f_n(x,y) = f(nx, ny)$. Usar los teoremas 1.1.15 y 1.4.4 para probar que la serie $\sum_{n=1}^\infty \frac{f_n}{\sqrt{n}}$ converge en $L^2(\mathbb{R}^2)$.

Solución: Si podemos probar que la serie numérica $\sum_{n=1}^\infty \frac{\|f_n\|_2}{\sqrt{n}}$ converge entonces la serie $\sum_{n=1}^\infty \frac{f_n}{\sqrt{n}}$ convergerá en $L^2(\mathbb{R}^2)$.

Pero

$$\|f_n\|_2^2 = \iint_{\mathbb{R}^2} |f(nx, ny)|^2 \, d(x,y) = \frac{1}{n^2} \iint_{\mathbb{R}^2} |f(u,v)|^2 \, d(u,v) = \frac{1}{n^2} \|f\|_2^2.$$

Por tanto,

$$\sum_{n=1}^\infty \frac{\|f_n\|_2}{\sqrt{n}} = \|f\|_2 \cdot \sum_{n=1}^\infty \frac{1}{n\sqrt{n}} < \infty. \quad \square$$

9.2. Capítulo 2

Ejercicio 2.1. Estudiar la convergencia en $L^2(-1,1)$ y en $L^1(-1,1)$ de la sucesión de funciones $(f_n)_n$ donde

$$f_n = n\chi_{(\frac{1}{n}, \frac{1}{n} + \frac{1}{n^2})}, \quad n \geq 2.$$

Solución: Estudiemos en primer lugar la convergencia en $\|\cdot\|_1$:

$$\|f_n\|_1 = \int_{-1}^1 |f_n(x)| \, dx = \int_{\frac{1}{n}}^{\frac{1}{n} + \frac{1}{n^2}} n \, dx = \frac{1}{n} \to_{n\to\infty} 0$$

luego $(f_n)_n$ converge a 0 en $L^1(-1,1)$. Como por la proposición 1.4.7 la convergencia en $L^2(-1,1)$ implica la convergencia en $L^1(-1,1)$ (al mismo límite), hemos de estudiar si $(f_n)_n$ converge a 0 en $L^2(-1,1)$. Pero $\|f_n\|_2^2 = 1$ para todo $n \in \mathbb{N}$, con lo cual $(f_n)_n$ no converge en $L^2(-1,1)$. $\square$

Ejercicio 2.3. En $L^2(0,1)$ consideremos $\|f\| := \sqrt{\|f\|_2^2 + \|f\|_1^2}$. Demostrad que $\| \cdot \|$ es una norma equivalente a $\| \cdot \|_2$. ¿ Está definida por un producto escalar?

Solución: Que $\| \cdot \|$ satisface las condiciones (1) y (2) de la definición 1.1.1 es obvio. Comprobemos que verifica la desigualdad triangular. Dadas $f, g \in L^2(0,1)$, si consideramos $(\|f\|_2, \|f\|_1)$ y $(\|g\|_2, \|g\|_1)$, usando la desigualdad triangular para la norma euclídea en $\mathbb{R}^2$,

$$
\begin{aligned}
\|f+g\| &= \|(\|f\|_2, \|f\|_1) + (\|g\|_2, \|g\|_1)\|_2 \\[2mm]
&\leq \|(\|f\|_2, \|f\|_1)\|_2 + \|(\|g\|_2, \|g\|_1)\|_2 \\[2mm]
&= \|f\| + \|g\|.
\end{aligned}
$$

Por otra parte, por la proposición 1.4.7, para cada $f \in L^2(0,1)$ se cumple $\|f\|_1 \leq \|f\|_2$, luego es inmediato ver que $\| \cdot \|$ y $\| \cdot \|_2$ son normas equivalentes en $L^2(0,1)$.

Finalmente, si $\| \cdot \|$ proviniese de un producto escalar, debería satisfacer la desigualdad del paralelogramo, lo que significa que dadas $f, g \in L^2(0,1)$,

$$
\|f+g\|^2 + \|f-g\|^2 = 2\left(\|f\|^2 + \|g\|^2\right).
$$

Como $\| \cdot \|_2$ sí que satisface dicha identidad, ello implicaría que $\| \cdot \|_1$ también la satisfaría, lo que no es cierto. $\square$

Ejercicio 2.5. Sea $\Omega \subset \mathbb{R}^d$ medible de medida positiva y sea $\Phi : \Omega \to \mathbb{R}$ una función continua y acotada. Se define el operador multiplicación por $M_\Phi(f) = \Phi f$ para todo $f \in L^2(\Omega)$.

 (a) Demostrar que M_Φ es lineal y continuo, y que $\|M_\Phi\| = \sup\{|\Phi(x)| : x \in \Omega\}$.

 (b) Comprobar que $M_\Phi^* = M_\Phi$.

 Solución: (a) El producto Φf es medible puesto que lo son f y Φ. Sea

$$
M := \sup\{|\Phi(x)| : x \in \Omega\}.
$$

Suponemos $M > 0$ pues de lo contrario $M_\Phi(f) = 0$ para todo $f \in L^2(\Omega)$. La desigualdad $|\Phi f|^2 \leq M^2|f|^2$ para toda $f \in L^2(\Omega)$ implica que $\Phi f \in L^2(\Omega)$, con lo cual el operador de multiplicación

$$
M_\Phi : L^2(\Omega) \to L^2(\Omega),
$$

está bien definido, es claramente lineal y $\|M_\Phi(f)\|_2 \leq M\|f\|_2$. Ello implica que M_Φ es un operador acotado y $\|M_\Phi\| \leq M$.

Para ver que $\|M_\Phi\| = M$, por la definición de supremo, dado $n \in \mathbb{N}$, existe $x_n \in \Omega$ tal que $|\Phi(x_n)| > M - \frac{1}{n}$. Como Φ es continua, existe U_n entorno acotado de x_n en Ω tal que, para cada $x \in U_n$, $|\Phi(x)| > M - \frac{1}{n}$. Tomamos ahora $f_n = (m(U_n))^{-1/2}\chi_{U_n}$. Tenemos que $\|f_n\|_2 = 1$, y

$$\|M_\Phi(f_n)\|^2 = \frac{1}{m(U_n)} \int_{U_n} |\Phi(x)|^2\, dx > \left(M - \frac{1}{n}\right)^2,$$

luego $\|M_\Phi\| \geq M - \frac{1}{n}$, para cada n, por lo que $\|M_\Phi\| \geq M$.

(b) Para cualesquiera $f, g \in L^2(\Omega)$,

$$\langle M_\Phi^* f, g \rangle = \langle f, M_\Phi g \rangle = \int_\Omega f(x)\overline{\Phi(x)g(x)}\, dx$$

$$= \int_\Omega f(x)\Phi(x)\overline{g(x)}\, dx = \langle M_\Phi f, g \rangle,$$

por lo que $M_\Phi^* = M_\Phi$. $\square$

Ejercicio 2.8. Demostrar que

$$M = \{(y_1, y_2, y_3, \ldots) \in \ell^2 \,:\, \sum_{n=1}^\infty \frac{y_{2n}}{2^{2n}} = 0\}$$

es un subespacio vectorial cerrado de ℓ^2. Calcular $M^\perp$ y $d(x, M)$, para $x = \left(\frac{1}{3^n}\right)_{n=1}^\infty$.

Solución: Sea $z = (z_n)_n$ la sucesión dada por $z_{2n-1} = 0$ y $z_{2n} = \frac{1}{2^{2n}}$, $n \in \mathbb{N}$. Claramente $z \in \ell^2$ y $M = \{z\}^\perp$, con lo cual, M es un subespacio vectorial cerrado de ℓ^2 y

$$M^\perp = \{z\}^{\perp\perp} = \overline{LIN\{z\}} = LIN\{z\}.$$

La última igualdad se justifica porque todo subespacio vectorial de dimensión finita es cerrado.

Sabemos que $\ell^2 = M \oplus M^\perp$, de modo que $x = y + \lambda z$ para ciertos $y \in M$ y $\lambda \in \mathbb{C}$. Además

$$d(x, M) = \|x - y\|_2 = |\lambda|\|z\|_2.$$

Por otra parte, $x - \lambda z \in M$, luego

$$0 = \langle x - \lambda z, z \rangle = \langle x, z \rangle - \lambda \|z\|_2^2.$$

Por tanto,

$$\lambda = \frac{\langle x, z \rangle}{\|z\|_2^2}$$

y

$$d(x,M) = \frac{|\langle x,z\rangle|}{\|z\|_2}.$$

Basta ahora usar que

$$\langle x,z\rangle = \sum_{n=1}^{\infty} \frac{1}{6^{2n}} = \frac{1}{35}$$

y que

$$\|z\|_2^2 = \sum_{n=1}^{\infty} \frac{1}{4^{2n}} = \frac{1}{15}$$

para concluir. $\square$

9.3. Capítulo 3

Ejercicio 3.2. En este ejercicio las funciones $f,g \in L^2(-\pi,\pi)$ las consideraremos extendidas a $\mathbb{R}$ de modo que $f(x+2\pi) = f(x)$ cpp y análogamente para g. Dadas $f,g \in L^2(-\pi,\pi)$ se define la convolución de f y g como

$$f*g(x) = \int_{-\pi}^{\pi} f(t)g(x-t)\,dt, \, x \in \mathbb{R}.$$

Demostrar:

(a) $f*g$ es acotada, $f*g(x) = f*g(x+2\pi)$ y $\|f*g\|_\infty \le \|f\|_2 \|g\|_2$.

(b) Si g es continua en $[-\pi,\pi]$ y $g(-\pi) = g(\pi)$, $f*g$ es continua en $[-\pi,\pi]$.

(c) Deducir que $f*g$ es continua también para toda $g \in L^2(-\pi,\pi)$.

(d) Calcular los coeficientes de Fourier de $f*g$

(e) Deducir que la aplicación

$$*: L^2(-\pi,\pi) \times L^2(-\pi,\pi) \to L^2(-\pi,\pi), (f,g) \mapsto f*g$$

no es sobreyectiva.

(f) ¿En qué puntos $x \in [-\pi,\pi]$ converge puntualmente la serie de Fourier de $f*g$?

Solución: (a) Para cada $x \in \mathbb{R}$ la función $g_x := g(x - \cdot)$ pertenece a $L^2(-\pi, \pi)$ y $\|g_x\|_2 = \|g\|_2$, por tanto el producto fg_x es integrable y

$$\left| \int_{-\pi}^{\pi} f(t)g(x-t)\,dt \right| \leq \|f\|_2 \|g\|_2.$$

Que $f * g(x) = f * g(x + 2\pi)$ es inmediato.

(b) Si g es continua en $[-\pi, \pi]$ y $g(-\pi) = g(\pi)$, la extensión de g que estamos considerando es uniformemente continua ya que es continua y periódica, por tanto, dado $\varepsilon > 0$ existe $\delta > 0$ tal que si $u, v \in \mathbb{R}$ y $|u - v| < \delta$, entonces $|g(u) - g(v)| < \varepsilon$. Ahora, si $x, y \in \mathbb{R}$ y $|x - y| < \delta$, tenemos que $|g(x-t) - g(y-t)| < \varepsilon$ para todo $t \in \mathbb{R}$. Por otra parte, $f \in L^2(-\pi, \pi) \subset L^1(-\pi, \pi)$, siendo continua esta inclusión. Entonces si $|x - y| < \delta$, se cumple que

$$|f * g(x) - f * g(y)| \leq \int_{-\pi}^{\pi} |f(t)||g(x-t) - g(y-t)|\,dt \leq \varepsilon \|f\|_1,$$

lo que demuestra que $f * g$ es continua.

(c) Dadas $f, g \in L^2(-\pi, \pi)$, como la serie de Fourier de g converge a g en $L^2(-\pi, \pi)$ existe una función continua y 2π-periódica h tal que $\|g - h\|_2 < \varepsilon$. Usando el apartado (b) existe $\delta > 0$ tal que si $|x - y| < \delta$, se tiene que $|f * h(x) - f * h(y)| < \varepsilon$. Entonces, si $|x - y| < \delta$, $|f * g(x) - f * g(y)|$ es menor o igual que

$$|f * g(x) - f * h(x)| + |f * h(x) - f * h(y)| + |f * h(y) - f * g(y)|$$

$$\leq 2\|f\|_2 \|g - h\|_2 + \varepsilon < \varepsilon(2\|f\|_2 + 1),$$

lo que implica la continuidad de $f * g$.

(d) Denotaremos por $a_n(f)$, $a_n(g)$, $a_n(f*g)$ y $b_n(f)$, $b_n(g)$, $b_n(f*g)$ los coeficientes de Fourier de f, g y $f * g$ respectivamente. Usando que $\cos nx = \cos n(x - t)\cos nt - \sin n(x - t)\sin nt$, $\sin nx = \sin n(x - t)\cos nt + \cos n(x - t)\sin nt$ y aplicando los teoremas de Tonelli-Hobson y Fubini se concluye que

$$a_n(f * g) = a_n(f)a_n(g) - b_n(f)b_n(g)$$

y que

$$b_n(f * g) = a_n(f)b_n(g) + b_n(f)a_n(g).$$

(e) La aplicación $* : L^2(-\pi, \pi) \times L^2(-\pi, \pi) \to L^2(-\pi, \pi)$ no puede ser sobreyectiva ya que, según hemos visto en (c), $f * g$ es una función continua y $L^2(-\pi, \pi)$ contiene funciones discontinuas.

(f) Como las sucesiones $(a_n(f))_n$, $(a_n(g))_n$, $(b_n(f))_n$, y $(b_n(g))_n$ pertenecen a ℓ^2, la relación entre estas sucesiones y los coeficientes de Fourier de $f * g$ obtenidas en el apartado anterior implican que $(a_n(f*g))_n, (b_n(f*g))_n \in \ell^1$. Entonces, la serie de Fourier de $f * g$ converge para todo $x \in \mathbb{R}$ a una función continua. Aplicando el corolario 3.1.7 y usando la continuidad de $f * g$ resulta que la serie de Fourier de $f * g$ converge a dicha función para todo x. $\square$

Ejercicio 3.5. Demostrar que para toda $f \in L^1(-\pi, \pi)$,

$$\lim_n \int_{-\pi}^{\pi} f(x) \cos nx\, dx = \lim_n \int_{-\pi}^{\pi} f(x) \sin nx\, dx = 0.$$

Sugerencia: ¿Por qué $L^2(-\pi, \pi)$ es denso en $L^1(-\pi, \pi)$?

Solución: En primer lugar, observamos que $f(x) \cos nx$ y $f(x) \sin nx$ son medibles y

$$\text{máx}(|f(x) \cos nx|, |f(x) \sin nx|) \le |f(x)|,$$

luego $f(x) \cos nx$ y $f(x) \sin nx$ son integrables en $(-\pi, \pi)$.

Como toda función escalonada pertenece a $L^2(-\pi, \pi)$, el lema 3.1.2 nos permite afirmar que $L^2(-\pi, \pi)$ es denso en $L^1(-\pi, \pi)$.

Así, dados $\varepsilon > 0$ y $f \in L^1(-\pi, \pi)$, encontramos $g \in L^2(-\pi, \pi)$, tal que $\|f - g\|_1 < \varepsilon$.

Los coeficientes de Fourier de g, $(a_n(g))_n$ y $(b_n(g))_n$, pertenecen a ℓ^2, en particular, son sucesiones convergentes a 0, luego dado $\varepsilon > 0$ existe n_0 tal que si $n \ge n_0$, entonces

$$|a_n(g)| < \varepsilon, \ |b_n(g)| < \varepsilon.$$

Por lo tanto,

$$\left| \int_{-\pi}^{\pi} f(x) \cos nx\, dx \right| \le \int_{-\pi}^{\pi} |f(x) - g(x)| |\cos nx|\, dx + \left| \int_{-\pi}^{\pi} g(x) \cos nx\, dx \right| < 2\varepsilon$$

y análogamente para las integrales $\int_{-\pi}^{\pi} f(x) \sin nx\, dx$. $\square$

Ejercicio 3.6. Calcular la serie de Fourier de $f(x) = \pi - |x|$, $x \in [-\pi, \pi]$. Deducir la suma de las series

$$\sum_{n=0}^{\infty} \frac{1}{(2n+1)^4}, \quad \sum_{n=1}^{\infty} \frac{1}{n^4}.$$

Solución: Como f es una función par, es decir, $f(-x) = f(x)$ para todo x, $b_n = 0$ para todo $n \in \mathbb{N}$ y

$$a_n = \frac{2}{\pi} \int_0^{\pi} f(x) \cos nx\, dx.$$

De este modo $a_0 = \pi$ y, para $n \ge 1$,

$$\frac{\pi}{2} a_n = \int_0^{\pi} (\pi - x) \cos nx\, dx = \left((\pi - x) \frac{\sin nx}{n} \right)_0^{\pi} + \frac{1}{n} \int_0^{\pi} \sin nx\, dx = \frac{1 - (-1)^n}{n^2},$$

con lo cual

$$f(x) \sim \frac{\pi}{2} + \frac{4}{\pi} \sum_{n=0}^{\infty} \frac{\cos(2n+1)x}{(2n+1)^2}.$$

Por la identidad de Parseval

$$\frac{1}{\pi} \|f\|_2^2 = \frac{|a_0|^2}{2} + \sum_{n=1}^{\infty} |a_n|^2,$$

con lo cual

$$\frac{2}{3}\pi^2 = \frac{\pi^2}{2} + \frac{4^2}{\pi^2} \sum_{n=0}^{\infty} \frac{1}{(2n+1)^4}.$$

Deducimos que

$$\sum_{n=0}^{\infty} \frac{1}{(2n+1)^4} = \frac{\pi^4}{96}.$$

Si ponemos $A = \sum_{n=1}^{\infty} \frac{1}{n^4}$, tenemos que $\sum_{n=1}^{\infty} \frac{1}{(2n)^4} = \frac{A}{16}$, con lo cual

$$A = \frac{\pi^4}{96} + \frac{A}{16},$$

de modo que

$$A = \frac{16}{15} \frac{\pi^4}{96} = \frac{\pi^4}{90}. \ \square$$

Ejercicio 3.7. Calcular la serie de Fourier de la función $f(x) = |\sin x|$, $x \in [-\pi, \pi]$.

Solución: Como $f(-x) = f(x)$ se tiene

$$f(x) \sim \frac{a_0}{2} + \sum_{n=1}^{\infty} a_n \cos nx,$$

siendo

$$a_0 = \frac{2}{\pi} \int_0^{\pi} \sin x \, dx = \frac{4}{\pi},$$

$$a_1 = \frac{2}{\pi} \int_0^{\pi} \sin x \cos x \, dx = \frac{1}{\pi} \int_0^{\pi} \sin 2x \, dx = 0,$$

y, para cada $n \geq 2$,

$$a_n = \frac{2}{\pi} \int_0^{\pi} \sin x \cos nx \, dx = \frac{1}{\pi} \int_0^{\pi} \Big(\sin((n+1)x) - \sin((n-1)x) \Big) \, dx$$

$$= \frac{1}{\pi} \big((-1)^{n-1} - 1 \big) \left(\frac{1}{n-1} - \frac{1}{n+1} \right) = \frac{2}{\pi} \big((-1)^{n-1} - 1 \big) \frac{1}{n^2 - 1}.$$

169

Concluimos que

$$f(x) \sim \frac{2}{\pi} - \frac{4}{\pi} \sum_{k=1}^{\infty} \frac{\cos(2kx)}{4k^2 - 1}.$$

Se sigue de los resultados de convergencia puntual que

$$\sin x = \frac{2}{\pi} - \frac{4}{\pi} \sum_{k=1}^{\infty} \frac{\cos(2kx)}{4k^2 - 1}, \;\; 0 \leq x \leq \pi. \;\; \square$$

9.4. Capítulo 4

Ejercicio 4.2. En $L^2(-\pi, \pi)$ consideramos el operador integral T con núcleo $k(x,y) = \cos x + y \sin x$. Comprobar que T es compacto y calcular $\sigma_p(T)$.

Solución: Observamos que el rango de T está contenido en $LIN\{\cos x, \sin x\}$, así que T es un operador de rango finito, luego es compacto.

Sean $\lambda \in \sigma_p(T)$ y $f \neq 0$ tales que $Tf = \lambda f$. Existen $a, b \in \mathbb{C}$ tales que $f(x) = a\cos x + b\sin x$, de donde $\int_{-\pi}^{\pi} f(y)\, dy = 0$ y $\int_{-\pi}^{\pi} y f(y)\, dy = 2b \int_{0}^{\pi} y \sin y\, dy = 2b\pi$. Entonces

$$\lambda(a\cos x + b\sin x) = 2b\pi \sin x,$$

luego $\lambda = 2\pi$ y $a = 0$. $\square$

Ejercicio 4.4 Usando la descomposición en el ejemplo 3.1.10 demostrar que si $k \in L^2\left((-\pi, \pi)^2\right)$, el operador integral

$$T : L^2(-\pi, \pi) \to L^2(-\pi, \pi), \; (Tf)(x) = \int_{-\pi}^{\pi} k(x,y) f(y)\, dy$$

está bien definido y es compacto.

Solución: Sabemos que podemos encontrar funciones $a_0(x)$, $a_n(x)$, $b_n(x)$, en $L^2(-\pi, \pi)$ tales que la serie

$$\frac{a_0(x)}{2} + \sum_{n=1}^{\infty} \left(a_n(x)\cos ny + b_n(x)\sin ny\right)$$

converge a k en $L^2((-\pi, \pi) \times (-\pi, \pi))$. Sean

$$k_N(x,y) = \frac{a_0(x)}{2} + \sum_{n=1}^{N} \left(a_n(x)\cos ny + b_n(x)\sin ny\right)$$

y T_N el operador integral con núcleo k_N. T_N es compacto ya que es de rango finito. Además, si $f \in L^2(-\pi, \pi)$ y $M > N$ la desigualdad de Cauchy-Schwarz implica

170

que

$$\|T_M f - T_N f\|_2^2 = \int_{-\pi}^{\pi} \left| \int_{-\pi}^{\pi} (k_M - k_N)(x,y) f(y) \, dy \right|^2 dx \leq \|f\|_2^2 \|k_M - k_N\|_2^2,$$

donde $\|k_M - k_N\|_2$ es la norma en $L^2\left((-\pi,\pi) \times (-\pi,\pi)\right)$. Como $(k_N)_N$ converge a k en $L^2\left((-\pi,\pi)^2\right)$, concluimos que la sucesión $(T_N)_N$ es de Cauchy en el espacio de Banach $L(L^2(-\pi,\pi))$, luego converge a un operador compacto (véase la proposición 4.2.4 (b)) T. Pero entonces

$$
\begin{aligned}
Tf(x) &= \lim_N T_N f(x) = \left(\int_{-\pi}^{\pi} f(y) \, dy \right) \frac{a_0(x)}{2} \\
&\quad + \lim_N \sum_{n=1}^{N} \left(\int_{-\pi}^{\pi} f(y) \cos ny \, dy \right) a_n(x) + \left(\int_{-\pi}^{\pi} f(y) \sin ny \, dy \right) b_n(x) \\
&= \lim_N \int_{-\pi}^{\pi} \left(\frac{a_0(x)}{2} + \sum_{n=1}^{N} (a_n(x) \cos ny + b_n(x) \sin ny) \right) f(y) \, dy \\
&= \int_{-\pi}^{\pi} k(x,y) f(y) \, dy.
\end{aligned}
$$

La última igualdad se justifica por el desarrollo del ejemplo 3.1.10. □

Ejercicio 4.5. Sea $(\lambda_n)_n$ una sucesión de números complejos no nulos convergente a $\lambda \in \mathbb{C}$. En ℓ^2 se considera el operador $B((x_n)_n) = (\lambda_n x_{n+1})_n$. Se pide:

(a) Calcular B^*. ¿Cuándo es B autoadjunto?

(b) Comprobar que B es compacto si y solo si $\lambda = 0$.

(c) Si $\lambda = 0$, B no tiene autovalores distintos de 0.

(d) Si $\lambda \neq 0$, entonces cada $\mu \in \mathbb{C}$ con $|\mu| < |\lambda|$ es un autovalor de T.

Solución: (a) Sean $x, y \in \ell^2$, entonces

$$\langle B^* x, y \rangle = \langle x, By \rangle = \sum_{k=1}^{\infty} x_k \overline{\lambda_k} \overline{y_{k+1}} = \langle Sx, y \rangle,$$

siendo $Sx = (0, \overline{\lambda_1} x_1, \overline{\lambda_2} x_2, \dots)$ la composición $R \circ D_{\overline{\lambda}}$ del operador diagonal

$$D_{\overline{\lambda}} z = (\overline{\lambda_n} x_n)_n$$

y el desplazamiento a la derecha $R(z) = (0, z_1, z_2, \dots)$. Así pues, $B = B^*$ implicaría $\lambda_n = 0$ para todo n, por lo que B no es autoadjunto.

(b) Se deja como ejercicio comprobar que $\|B\| \leq \sup\{|\lambda_n| : n \in \mathbb{N}\}$.

Si $\lambda = 0$, dado $\varepsilon > 0$ existe n_0 tal que si $n \geq n_0$ se tiene $|\lambda_n| < \varepsilon$. Sea

$$B_n(x) := (\lambda_1 x_2, \dots, \lambda_n x_{n+1}, 0, 0, \dots).$$

B_n es compacto por ser de rango finito. Además $\|B - B_n\| \leq \sup\{|\lambda_k| : k \geq n\}$, con lo cual, si $n \geq n_0$, $\|B - B_n\| \leq \varepsilon$, así que B es compacto por la proposición 4.2.4 (b).

Si $\lambda \neq 0$, existe n_0 tal que $|\lambda_n| \geq \frac{|\lambda|}{2}$ siempre que $n \geq n_0$. Si B fuese compacto, la sucesión $(Be_n)_n$ tendría una subsucesión de Cauchy, siendo $e_n \in \ell^2$ el elemento que tiene nulas todas sus coordenadas salvo la n-ésima, que vale 1. Pero si $n > m \geq n_0$,

$$\|Be_{n+1} - Be_{m+1}\|_2 \geq 2\frac{|\lambda|}{\sqrt{2}},$$

así que B no es compacto.

(c) Supongamos que $\lambda = 0$ y que $\mu \neq 0$ es un autovalor. Si $x \neq 0$ es un autovector, satisfará las relaciones $\lambda_n x_{n+1} = \mu x_n$. De este modo obtenemos que

$$x_{n+1} = \frac{\mu^n}{\lambda_1 \cdot \cdots \cdot \lambda_n} x_1.$$

Como $x \in \ell^2$, la serie

$$\sum_{n=1}^{\infty} \frac{|\mu|^{2n}}{|\lambda_1 \cdot \cdots \cdot \lambda_n|^2}$$

es convergente. Pero

$$\frac{\frac{|\mu|^{2n+2}}{|\lambda_1 \cdots \lambda_{n+1}|^2}}{\frac{|\mu|^{2n}}{|\lambda_1 \cdots \lambda_n|^2}} = \frac{|\mu|^2}{|\lambda_{n+1}|^2} \to_n \infty,$$

lo que, por el criterio del cociente de D'Alembert, implica que la serie es divergente, luego no existen valores propios distintos de 0.

(d) Razonando como en el apartado anterior, si $|\mu| < |\lambda|$ y ponemos $x_1 = 1$, $x_{n+1} = \frac{\mu^n}{\lambda_1 \cdots \lambda_n} x_1$, por el test del cociente de D'Alembert, $x \in \ell^2$ y $Bx = \mu x$. $\square$

Ejercicio 4.6 Sean H un espacio de Hilbert y $T = T^* \in \mathscr{K}(H)$. Usando el teorema espectral calcular, para cada $n \in \mathbb{N}$, T^n.

Solución: Lo resolveremos en el caso en que $\sigma_p(T)$ es infinito, el otro caso es más sencillo. Por el teorema espectral, existen una sucesión $(\mu_k)_k$ convergente a 0 formada por números reales no nulos y un sistema ortonormal $\{u_k : k \in \mathbb{N}\}$ tales que

$$Tx = \sum_{k=1}^{\infty} \mu_k \langle x, u_k \rangle u_k \ \ \forall \, x \in H.$$

Recordemos que cada $\mu_k \in \sigma_p(T)$ y que u_k es un vector propio asociado a dicho valor propio.

Entonces es inmediato comprobar por inducción que $T^n x = \sum_{k=1}^{\infty} \mu_k^n \langle x, u_k \rangle u_k$.
$\square$

Ejercicio 4.7. Sean H un espacio de Hilbert y $T \in L(H)$. Se dice que T es de potencia acotada si para cada $x \in H$ la sucesión $(T^n x)_n$ es acotada en H. Demostrar que si $T = T^* \in \mathcal{K}(H)$, T es de potencia acotada si y solo si $\|T\| \leq 1$.

Solución: Como $\|T^n\| \leq \|T\|^n$ y $\|Tx\| \leq \|T\|\|x\|$, es obvio que si $\|T\| \leq 1$, T es de potencia acotada.

Al ser T un operador compacto y autoadjunto, por la proposición 4.3.10 sabemos que existe un autovalor λ con $|\lambda| = \|T\|$. Sea $x \in V_\lambda$ unitario, entonces $\|T^n x\| = |\lambda|^n = \|T\|^n$. Si $(T^n x)_n$ es acotada en H, ha de ser $\|T\| \leq 1$. $\square$

9.5. Capítulo 5

Ejercicio 5.3. Desarrolla en serie de Fourier la función 2π-periódica dada por $f(x) = \pi - x$ cuando $0 < x < 2\pi$. Deduce cuanto valen las sumas

$$\sum_{k=1}^{\infty} \frac{(-1)^{k+1}}{2k+1}, \ \ \sum_{n=1}^{\infty} \frac{1}{n^2}.$$

Solución: La función f es impar, como se aprecia haciendo un dibujo. Por tanto, para cada $n \in \mathbb{N}_0$ se tiene que

$$\int_{-\pi}^{\pi} f(x) \cos nx \, dx = 0,$$

por tratarse de la integral de una función impar en un intervalo centrado en el origen. Por tanto la serie de Fourier de f será de la forma

$$f(x) \sim \sum_{n=1}^{\infty} b_n \sin nx.$$

Ahora calculamos

$$b_n = \frac{1}{\pi} \int_{-\pi}^{\pi} f(x) \sin nx \, dx = \frac{2}{\pi} \int_0^{\pi} f(x) \sin nx \, dx$$

$$= \frac{2}{\pi} \int_0^{\pi} (\pi - x) \sin nx \, dx = \frac{2}{n}.$$

173

Es decir,

$$f(x) \sim 2 \sum_{n=1}^{\infty} \frac{\sin nx}{n}.$$

Para calcular la primera suma usamos el criterio de Dini. En efecto,

$$f(\frac{\pi}{2}) = 2 \sum_{n=1}^{\infty} \frac{\sin\left(\frac{n\pi}{2}\right)}{n} = 2 \sum_{k=0}^{\infty} \frac{(-1)^{k+1}}{2k+1}.$$

Se sigue que

$$\sum_{k=1}^{\infty} \frac{(-1)^{k+1}}{2k+1} = 1 + \frac{\pi}{4}.$$

Según la identidad de Parseval se cumple

$$4 \sum_{n=1}^{\infty} \frac{1}{n^2} = \frac{1}{\pi} \int_0^{2\pi} (x-\pi)^2 \, dx = \frac{2\pi^2}{3},$$

de donde se obtiene $\sum_{n=1}^{\infty} \frac{1}{n^2} = \frac{\pi^2}{6}.$ $\square$

Ejercicio 5.5. Dado $a \in \mathbb{R} \setminus \mathbb{Z}$, calcula la serie de Fourier de la función 2π-periódica f tal que $f(x) = e^{iax}$ para todo $x \in (-\pi, \pi)$. Deduce que

$$\frac{\pi^2}{\sin^2(\pi a)} = \sum_{n=-\infty}^{\infty} \frac{1}{(a-n)^2}.$$

Solución: Para cada $n \in \mathbb{Z}$ se tiene

$$\widehat{f}(n) = \frac{1}{2\pi} \int_{-\pi}^{\pi} e^{i(a-n)x} dx = \frac{1}{\pi(a-n)} \frac{e^{i(a-n)\pi} - e^{-i(a-n)\pi}}{2i}$$

$$= \frac{\sin\left((a-n)\pi\right)}{\pi(a-n)},$$

luego

$$f(x) \sim \sum_{n \in \mathbb{Z}} \frac{\sin\left((a-n)\pi\right)}{\pi(a-n)} e^{inx}.$$

De la identidad de Parseval se sigue

$$1 = \sum_{n \in \mathbb{Z}} \left| \widehat{f}(n) \right|^2 = \frac{\sin^2(\pi a)}{\pi^2} \sum_{n \in \mathbb{Z}} \frac{1}{(a-n)^2}. \quad \square$$

Ejercicio 5.6.

(a) Dadas $f, g \in L^1(\mathbb{T})$ comprueba que

$$\frac{1}{2\pi} \int_{-\pi}^{\pi} \left(\frac{1}{2\pi} \int_{-\pi}^{\pi} |f(t-s)g(s)| \, dt \right) ds = \|f\|_1 \cdot \|g\|_1.$$

Deduce que

$$(f * g)(t) = \frac{1}{2\pi} \int_{-\pi}^{\pi} f(t-s)g(s) \, ds$$

está bien definida para casi todo t y $\|f * g\|_1 \leq \|f\|_1 \cdot \|g\|_1$.

(b) Demuestra que $\widehat{f * g}(n) = \widehat{f}(n) \cdot \widehat{g}(n)$, $n \in \mathbb{Z}$.

(c) Resuelve la ecuación $f * f = f$ en $L^1(\mathbb{T})$.

Solución: (a) es consecuencia de

$$\frac{1}{2\pi} \int_{-\pi}^{\pi} |f(t-s)| \, dt = \frac{1}{2\pi} \int_{-\pi-s}^{\pi-s} |f(x)| \, dx = \frac{1}{2\pi} \int_{-\pi}^{\pi} |f(x)| \, dx = \|f\|_1$$

y de los teoremas de Tonelli-Hobson y Fubini,

(b) De la identidad (a) se deduce, por aplicación del teorema de Tonelli-Hobson, que $(s,t) \mapsto f(t-s)g(s)e^{-int}$ es integrable Lebesgue en $(-\pi, \pi)^2$. Para cada $n \in \mathbb{Z}$ se cumple (usando el teorema de Fubini)

$$\widehat{f * g}(n) = \frac{1}{2\pi} \int_{-\pi}^{\pi} \left(\frac{1}{2\pi} \int_{-\pi}^{\pi} f(t-s)g(s) \, ds \right) e^{-int} \, dt$$

$$= \frac{1}{2\pi} \int_{-\pi}^{\pi} \left(\frac{1}{2\pi} \int_{-\pi}^{\pi} f(t-s)e^{-in(t-s)} \, dt \right) g(s)e^{-ins} \, ds = \widehat{f}(n)\widehat{g}(n).$$

La última igualdad se sigue de

$$\frac{1}{2\pi} \int_{-\pi}^{\pi} f(t-s)e^{-in(t-s)} \, dt = \frac{1}{2\pi} \int_{-\pi}^{\pi} f(x)e^{-inx} \, dx = \widehat{f}(n).$$

(c) Supongamos ahora que $f \in L^1(\mathbb{T})$ es solución de la ecuación $f * f = f$. Entonces $\left(\widehat{f}(n) \right)^2 = \widehat{f}(n)$ para todo $n \in \mathbb{Z}$, lo que quiere decir que $\widehat{f}(n) \in \{0, 1\}$. Como $\lim_{|n| \to \infty} \widehat{f}(n) = 0$, necesariamente debe existir un conjunto finito $A \subset \mathbb{Z}$ tal que $\widehat{f}(n) = 1$ cuando $n \in A$ mientras que $\widehat{f}(n) = 0$ cuando $n \notin A$. Por tanto $f(x) = \sum_{n \in A} e^{inx}$. Se comprueba fácilmente que todas las funciones de esta forma son soluciones de la ecuación de convolución dada. $\square$

Ejercicio 5.7. Demuestra que si $f \in C^2(\mathbb{T})$ entonces existe $K > 0$ tal que

$$|\widehat{f}(n)| \leq \frac{K}{n^2} \quad \forall n \neq 0.$$

Solución: Puesto que f es de clase C^2 y tiene período 2π podemos hacer integración por partes dos veces (si $n \neq 0$) para concluir

$$\widehat{f}(n) = \frac{1}{2\pi} \int_{-\pi}^{\pi} f(x) e^{-inx} \, dx = \frac{1}{2\pi} \int_{-\pi}^{\pi} \frac{1}{(in)^2} f''(x) e^{-inx} \, dx.$$

Por tanto

$$|\widehat{f}(n)| \leq \frac{\|f''\|_{\infty}}{n^2}. \; \square$$

Ejercicio 5.8. Demuestra que una función $f \in L^1(\mathbb{T})$ se puede expresar como $f = g * h$ para ciertas funciones $g, h \in L^2(\mathbb{T})$ si y solo si $\sum_{n \in \mathbb{Z}} |\widehat{f}(n)| < \infty$.

Solución: Supongamos primero que $f = g * h$ siendo $g, h \in L^2(\mathbb{T})$. Por la identidad de Parseval se cumple

$$\sum_{n \in \mathbb{Z}} |\widehat{g}(n)|^2 < \infty, \; \sum_{n \in \mathbb{Z}} |\widehat{h}(n)|^2 < \infty.$$

Como $\widehat{f}(n) = \widehat{g}(n)\widehat{h}(n)$, deducimos de la desigualdad de Cauchy-Schwarz que $\sum_{n \in \mathbb{Z}} |\widehat{f}(n)| < \infty$.

Supongamos ahora que $\sum_{n \in \mathbb{Z}} |\widehat{f}(n)| < \infty$. Consideramos dos *sucesiones* $(a_n)_{n \in \mathbb{Z}}$ y $(b_n)_{n \in \mathbb{Z}}$ de modo que $a_n = |\widehat{f}(n)|^{\frac{1}{2}}$ y $a_n b_n = \widehat{f}(n)$. Si $a_n = 0$, tomamos $b_n = 0$. Puesto que $\sum_{n \in \mathbb{Z}} |a_n|^2 < \infty$ y $\sum_{n \in \mathbb{Z}} |b_n|^2 < \infty$ podemos aplicar el teorema de Riesz-Fisher para encontrar dos funciones $g, h \in L^2(\mathbb{T})$ tales que $a_n = \widehat{g}(n)$ y $b_n = \widehat{h}(n)$. Por último, se deduce la igualdad $f = g * h$ del hecho de que las funciones f y $g * h$ tienen los mismos coeficientes de Fourier. $\square$

Ejercicio 5.10. Probar que si $f \in L^1(\mathbb{T})$ cumple

$$\int_{-\pi}^{\pi} \left| \frac{f(x)}{x} \right| dx < \infty,$$

entonces la serie de Fourier de f converge en el origen.

Solución: Puesto que $q(t) = \frac{f(t) + f(-t)}{t}$ es integrable en $(0, \pi)$, se sigue del criterio de Dini que $\lim_n S_n(f, 0) = 0$. $\square$

9.6. Capítulo 6

Ejercicio 6.1. Para $a > 0$, calcular la convolución $\chi_{(-1,1)} * \chi_{(-a,a)}$.

Solución: Sean $f = \chi_{(-a,a)}$ y $g = \chi_{(-1,1)}$. Entonces

$$(f * g)(x) = \int_{-1}^{1} f(x-y)\,dy = \int_{-1}^{1} \chi_{(x-a,x+a)}(y)\,dy$$

es la longitud del intervalo (quizás vacío) $(x-a,x+a) \cap (-1,1)$. Por ejemplo, si $a = 1$ resulta que $(f * g)(x) = 0$ cuando $x \notin (-2,2)$, mientras que $(f * g)(x) = 2 - x$ si $0 \leq x \leq 2$ y $(f * g)(x) = x + 2$ si $-2 \leq x \leq 0$. $\square$

Ejercicio 6.2 Para cada $n \in \mathbb{N}$ se define $h_n(x) = \frac{n}{2}e^{-n|x|}$. Demostrar que dada $f \in L^1(\mathbb{R})$, la sucesión $(f * h_n)_n$ converge a f en $L^1(\mathbb{R})$.

Solución: La función $h(x) = \frac{1}{2}e^{-|x|}$ es positiva y cumple $\int_{-\infty}^{\infty} h(x)\,dx = 1$. Según la definición 6.8, $(h_n)_n$ es un aproximante de la identidad ya que $h_n(x) = nh(nx)$. La conclusión se sigue del teorema 6.13. $\square$

Ejercicio 6.4. Calcula $f * f$ siendo

$$f : \mathbb{R}^2 \to \mathbb{R}, \ f(x,y) = e^{-x-y}\chi_\Omega(x,y), \ \ \Omega = (0,\infty) \times (0,\infty).$$

Solución:

$$(f * f)(u,v) = \iint_\Omega f(x,y)f(u-x,v-y)\,d(x,y).$$

Si $(u,v) \notin \Omega$ entonces $f(u-x,v-y) = 0$ para todo $(x,y) \in \Omega$, luego $(f * f)(u,v) = 0$.

Si $(u,v) \in \Omega$ entonces

$$(f * f)(u,v) = \iint_{\Omega_{u,v}} e^{-u-v}\,d(x,y),$$

siendo

$$\Omega_{u,v} = \left\{ (x,y) \in \mathbb{R}^2 : 0 \leq x \leq u, \ 0 \leq y \leq v \right\}.$$

Concluimos que $(f * f)(u,v) = uv e^{-u-v}\chi_\Omega(u,v)$. $\square$

9.7. Capítulo 7

Ejercicio 7.2. Dado $a > 0$ sea $f_a(x) = \frac{a}{\pi(x^2+a^2)}$. Usando el ejemplo 7.1.5, deducir que $f_a * f_b = f_{a+b}$.

Solución: Del ejemplo 7.1.5 sabemos que $\widehat{f_a}(\xi) = e^{-2\pi|\xi|a}$. Por el teorema 7.1.7 las funciones $f_a * f_b$ y f_{a+b} tienen la misma transformada, lo que permite concluir. $\square$

Ejercicio 7.4. Calcula la transformada de Fourier de las funciones $f = \chi_{(-b,b)}$ y $g(x) = \frac{\sin(ax)}{\pi x}$ $(a, b > 0)$. Notar que $g \in L^2(\mathbb{R}) \setminus L^1(\mathbb{R})$.

Solución: Primero calculamos

$$\widehat{f}(\xi) = \int_{-b}^{b} e^{-2\pi i \xi x} dx = \frac{e^{2\pi i \xi b} - e^{-2\pi i \xi b}}{2\pi i \xi} = \frac{\sin(2\pi \xi b)}{\pi \xi}, \xi \neq 0.$$

Dado $a > 0$ tomamos $b = \frac{a}{2\pi}$ de modo que la transformada de $f = \chi_{(-b,b)}$ es $\widehat{f}(\xi) = \frac{\sin(a\xi)}{\pi \xi}$ si $\xi \neq 0$ y $\widehat{f}(0) = 2b$. La función $\widehat{f}$ no es integrable Lebesgue pero sí está en $L^2(\mathbb{R})$ porque es continua y $|g(x)|^2 \leq \frac{1}{x^2}$ cuando $|x| \geq 1$. El teorema de Plancherel permite calcular

$$\mathscr{F}(g) = \mathscr{F}(\mathscr{F}(f)) = J(f) = f. \ \square$$

Ejercicio 7.6. Sea f medible en $\mathbb{R}$. Demostrar que si $(1+x^2)^N f(x)$ es acotada para todo N, entonces

$$(1+x^2)^N f(x) \in L^2(\mathbb{R})$$

para todo N. Deducir que si $f \in C^\infty(\mathbb{R})$ y $f^{(N)} \in L^1(\mathbb{R})$ para todo N, entonces $f^{(N)} \in L^2(\mathbb{R})$ para todo N.

Solución: (i) Supongamos que $(1+x^2)^N f(x)$ es acotada para todo N. Entonces, dado N aplicamos la condición a $N+1$ y concluimos que existe $C > 0$ tal que

$$(1+x^2)^N |f(x)| \leq \frac{C}{1+x^2},$$

de donde se sigue que $(1+x^2)^N f(x) \in L^2(\mathbb{R})$.

(ii) Supongamos ahora que $f \in C^\infty(\mathbb{R})$ y $f^{(N)} \in L^1(\mathbb{R})$ para todo N. Entonces $\xi^N \widehat{f}(\xi)$ es una función acotada por ser la transformada de Fourier de la función $\left(\frac{1}{2\pi i}\right)^N f^{(N)} \in L^1(\mathbb{R})$. Desarrollando la potencia concluimos que $(1+\xi^2)^N \widehat{f}(\xi)$ está acotada para todo $N \in \mathbb{N}$. Del apartado (i) deducimos que $\xi^N \widehat{f}(\xi)$ está en $L^2(\mathbb{R})$ para todo N. Por último, el teorema de Plancherel garantiza que $f^{(N)} \in L^2(\mathbb{R})$. $\square$

Ejercicio 7.8. Sea $g(x) = e^{-\pi x^2}$. Demostrar que $\{T_a g : a \in \mathbb{R}\}$ genera un subespacio denso en $L^2(\mathbb{R})$.

Solución: Es suficiente probar que si $f \in L^2(\mathbb{R})$ y $\langle f, T_a g \rangle = 0$ para todo $a \in \mathbb{R}$ entonces $f = 0$. Sea pues $f \in L^2(\mathbb{R})$ cumpliendo la condición anterior. Puesto que $\widehat{f} g \in L^1(\mathbb{R})$ obtenemos, para todo $a \in \mathbb{R}$,

$$0 = \langle f, T_a g \rangle = \langle \widehat{f}, \widehat{T_a g} \rangle$$

$$= \int_{\mathbb{R}} \widehat{f}(\xi) e^{-2\pi i a \xi} g(\xi) d\xi = \widehat{\widehat{f} g}(a).$$

Concluimos que $\widehat{f}g = 0$, de donde se sigue $f = 0$, como queríamos. $\square$

Ejercicio 7.10. Calcular la transformada de Fourier de la función $f(x) = xe^{-|x|}$, y usarla para demostrar que

$$\int_{-\infty}^{\infty} \frac{x^2}{(1+x^2)^4} dx = \frac{\pi}{16}.$$

Solución: Primero consideramos $g(x) = e^{-|x|}$, cuya transformada de Fourier es

$$\widehat{g}(\xi) = \int_{-\infty}^{0} e^{x(1-2\pi i\xi)} dx + \int_{0}^{\infty} e^{-x(1+2\pi i\xi)} dx = \frac{1}{1-2\pi i\xi} + \frac{1}{1+2\pi i\xi}$$

$$= \frac{2}{1+4\pi^2\xi^2}.$$

Hemos usado que

$$\lim_{R \to +\infty} \left| e^{-R(1+ia)} \right| = \lim_{R \to +\infty} e^{-R} = 0$$

para todo $a \in \mathbb{R}$. Deducimos que

$$\widehat{f}(\xi) = -\frac{1}{2\pi i}\widehat{g}'(\xi) = -\frac{8\pi\xi i}{(1+4\pi^2\xi^2)^2}.$$

Por último, mediante el cambio $x = 2\pi\xi$ y usando que la transformación de Fourier es una isometría en $L^2(\mathbb{R})$,

$$\int_{-\infty}^{\infty} \frac{x^2}{(1+x^2)^4} dx = \frac{\pi}{8}\int_{-\infty}^{\infty} |\widehat{f}(\xi)|^2 d\xi = \frac{\pi}{8}\int_{-\infty}^{\infty} |f(x)|^2 dx$$

$$= \frac{\pi}{4}\int_{0}^{\infty} x^2 e^{-2x} dx = \frac{\pi}{16}. \square$$

Ejercicio 7.11. Calcular la transformada de Fourier de la distribución temperada definida por la función $f(x) = \cos(2\pi\lambda x)$, siendo λ un parámetro real.

Solución: Para cada $\varphi \in \mathscr{S}(\mathbb{R})$ se cumple

$$\langle \widehat{T}_f, \varphi \rangle = \int_{-\infty}^{\infty} f(\xi)\widehat{\varphi}(\xi) d\xi = \frac{1}{2}\int_{-\infty}^{\infty} \left(e^{2\pi i\lambda\xi} + e^{-2\pi i\lambda\xi} \right) \widehat{\varphi}(\xi) d\xi$$

$$= \frac{1}{2}(\varphi(\lambda) + \varphi(-\lambda)),$$

lo que quiere decir que

$$\widehat{T}_f = \frac{1}{2}(\delta_\lambda + \delta_{-\lambda}). \square$$

179

Ejercicio 7.14. Estudia si la transformada de Fourier de la función

$$f(x) = e^{-|x|^2} \chi_B(x)$$

está en $L^1(\mathbb{R}^d)$, siendo B la bola unidad de $\mathbb{R}^d$.

Solución: Si $\widehat{f} \in L^1(\mathbb{R}^d)$, deducimos de la fórmula de inversión que f coincide cpp con la transformada de Fourier de $\xi \mapsto \widehat{f}(-\xi)$. El teorema 7.1.4 permite concluir que f coincide cpp con una función continua, lo que es una contradicción. $\square$

Índice alfabético

Bibliografía

[1] Tom M. Apostol. *Análisis matemático*. Editorial Reverté, 1976.

[2] Fernando Bombal. Los orígenes del análisis funcional. *http://www.mat.ucm.es/ bombal/indice-analisis-funcional.html*, 1994.

[3] Bernardo Cascales, José Manuel Mira, and José Orihuela. *Análisis Funcional*. Ediciones Electolibris, coedición con la RSME, 2012.

[4] Javier Duoandikoetxea. *Lecciones sobre las series y las transformadas de Fourier*. UNAN-Managua, 2003.

[5] J. Mazón Ruiz. *Elementos de Análisis Funcional*. Amazon Distribution, 2021.

[6] Karen Saxe. *Beginning Functional Analysis*. Springer New York, 2002.

[7] Elias M. Stein and Rami Shakarchi. *Fourier Analysis. An introduction*. Princeton University Press, Princeton, NJ, 2003.

[8] Gilbert Strang. Wavelet transforms versus Fourier transforms. *Bulletin of the American Mathematical Society*, 28(2):288–305, 1993.

[9] Robert S. Strichartz. *A guide to distribution theory and Fourier transforms*. World Scientific Publishing, Singapore [u.a.], reprint. edition, 2008.

[10] Adriaan C. Zaanen. *Continuity, Integration and Fourier Theory*. Springer Berlin Heidelberg, 1989.